シリーズ オペレーションズ・リサーチ 3

[編集委員] 今野　浩
茨木俊秀
伏見正則
高橋幸雄
腰塚武志

離散凸解析と
ゲーム理論

田村明久 [著]

朝倉書店

まえがき

　1962年 Gale–Shapley により安定結婚モデルが発表され，1972年には Shapley–Shubik により割当モデルが提案されました．以降，これらが代表するマッチング市場モデルの研究は約50年間にわたり研究され続け，今なお新たな進展を遂げています．近年では，マトロイド理論や離散凸解析という組合せ最適化の枠組みの導入がなされました．

　マッチング市場モデルへの離散凸解析の応用を紹介することが本書の目的です．第2章では後続の章で必要となる離散凸解析の基礎的事柄，特に $M^\natural$ 凹関数 ($M^\natural$ はエムナチュラルと読みます) の性質を紹介します．第3章では割当モデルと $M^\natural$ 凹関数を利用したその拡張を紹介します．第4章では安定結婚モデル，$M^\natural$ 凹関数を利用したその拡張，および Hatfield–Milgrom の安定結婚モデルの拡張について議論をします．第5章が本題ですが，この章では割当モデルと安定結婚モデルを統一したモデルを $M^\natural$ 凹関数と手付けの上下限制約という2つの道具を使って提案し，そのモデルでの安定解の存在を証明します．「離散凸解析とゲーム理論」と大層なタイトルを付け，ゲーム理論の専門家の方々からはお叱りを受けるかもしれませんが，離散凸解析がゲーム理論あるいは経済学の分野で広く利用されることに一役買えればと願ってのことですのでお許しいただきたい．

　本書を執筆するにあたり，対象をどのような分野の方にするか迷いました．最適化の研究者/学生向けにアルゴリズムや計算量を議論した部分もあります．しかし経済学分野の研究者や院生と話してみて，最終的には経済学分野の方々が読みやすい本にしようと思いました．とはいえ，折角書いた計算量やアルゴリズムを用いた構成的な証明の部分をざっくり削ることもできず，付録に線形計画問題やマトロイドを追加したり，証明の細部を補足するということで対処

しました．「二兎追うものは一兎も得ず」とならないことを願うばかりです．

　式の解釈や用語などについても経済学の先生方にも相談し，それなりのものになったとは思っています．ただし，不備があった場合は理解力不足と不勉強であった私にすべての責任があります．お許しいただきたい．

　本書の上梓にあたり，多くの方にお世話になり，また刺激を受けました．以下に敬意を表してお名前を挙げます．茨木俊秀先生には，本書執筆の機会をいただきました．室田一雄先生には離散凸解析という分野に誘っていただきました．本書の内容の一部は室田先生との共同研究によるものです．また初稿に対して有益なコメントを多数いただきました．本書の第4章と第5章の$M^\natural$凹評価関数を用いたモデルは藤重悟先生との共同研究をまとめたものです．離散凸解析の研究仲間である塩浦昭義先生とも第2章の内容について何度か議論し，それを反映しました．和光純先生には何度も相談にのっていただきました．2009年6月の VCASI (Virtual Center for Advanced Studies in Institution) で講演した際には，神取道宏先生，宇井貴志先生，安達裕之先生，安田洋祐先生，小島武仁先生をはじめとする参加者の皆様に，講演を真剣に聴いていただき，討論では貴重なご意見をいただきました．本書の内容にも影響する刺激的な経験でした．東京大学大学院経済学研究科修士課程の糟谷祐介君には初稿改訂に貢献してもらいました．池辺淑子先生には何度も原稿に目を通していただき，多くの間違いの指摘と貴重なコメントをいただきました．朝倉書店編集部には，原稿が仕上がるまでの長い間辛抱強く待っていただきました．この場を借りてご支援いただいた皆様に感謝の意を表します．

　最後にこの本をきっかけとして新たな進展があることを切に願っています．

　2009年10月

田村明久

目　　次

1. はじめに ……………………………………………………………… *1*
   1.1 不可分財と評価関数 …………………………………………… *1*
   1.2 不可分財を扱った経済モデル ………………………………… *5*
   1.3 マッチング市場モデル ………………………………………… *7*
2. 離散凸解析概論 ―M凹性について― ……………………………… *10*
   2.1 M凹性とM♮凹性の定義 ……………………………………… *11*
   2.2 M♮凹関数の例 ………………………………………………… *15*
   2.3 M♮凹関数の演算 ……………………………………………… *18*
   2.4 M♮凹関数の最大解集合 ……………………………………… *19*
   2.5 M凹関数の実効定義域の大きさの計算 ……………………… *23*
   2.6 M♮凹関数最大化アルゴリズム ……………………………… *25*
   2.7 M♮凹関数の和の最大化 ……………………………………… *31*
   2.8 M♮凹性, 粗代替性, 単改良性, 代替性の関係 ……………… *38*
   2.9 組合せオークションへの応用 ………………………………… *47*
   2.10 諸性質の証明 ………………………………………………… *51*
     2.10.1 補題 2.15 の証明 ………………………………………… *51*
     2.10.2 補題 2.20 の証明 ………………………………………… *53*
3. 割当モデルとその拡張 ……………………………………………… *55*
   3.1 割当モデル ……………………………………………………… *55*
   3.2 割当モデルにおける安定解の存在証明 ……………………… *58*
   3.3 多対多型割当モデル …………………………………………… *59*
   3.4 M♮凹割当モデル ……………………………………………… *62*
   3.5 M♮凹割当モデルにおける安定解の存在証明 ……………… *66*

4. 安定結婚モデルとその拡張 ... 70
4.1 安定結婚モデル ... 70
4.2 安定結婚モデルにおける安定マッチングの存在証明 ... 74
4.2.1 Gale–Shapley アルゴリズム ... 74
4.2.2 不動点定理を用いた証明 ... 76
4.3 マトロイド安定結婚モデル ... 81
4.4 $M^\natural$凹安定結婚モデル ... 84
4.5 $M^\natural$凹安定結婚モデルにおける安定割当の存在証明 ... 94
4.6 Hatfield–Milgrom モデル (HM モデル) ... 98
4.7 モデル間の関係 ... 104
4.7.1 割当モデルと HM モデル ... 104
4.7.2 $M^\natural$凹安定結婚モデルと HM モデル ... 105
4.7.3 多対多型割当モデルと HM モデル ... 108

5. 割当モデルと安定結婚モデルの統一モデル ... 110
5.1 手付け制限付き割当モデル ... 110
5.2 手付け制限付き $M^\natural$凹評価関数モデル ... 113
5.3 厳安定労働割当の特徴付け ... 119
5.4 厳安定解の存在証明 ... 120
5.5 諸性質の証明 ... 132
5.5.1 補題 5.1 の証明 ... 132
5.5.2 定理 5.5 の証明 ... 134
5.5.3 定理 5.2 の証明 ... 139

付録 ... 151
A. 線形計画 ... 151
A.1 線形計画問題 ... 151
A.2 最適解の整数性 ... 152
A.3 双対問題と双対理論 ... 155
B. 半順序集合, 束, Tarski の不動点定理 ... 158
B.1 半順序集合と束 ... 158

B.2	Tarski の不動点定理 *159*
C.	**マトロイドの基礎** *161*
C.1	マトロイドの公理系 *161*
C.2	最大重み独立集合問題と貪欲解法 *166*

文　　献 *169*
記　号　表 *175*
索　　引 *177*

1 はじめに

本書では，離散凸解析を用いて，Gale–Shapley[33]の安定結婚モデルやShapley–Shubik[77]の割当モデルを一般化したり，通常は難しい問題である組合せオークションが効率的に解ける場合などを紹介する．これらに共通することは，不可分財とよばれる財を扱い，不可分財の集合に対する選好を表現する関数が所与であることを前提としていることである．第 1.1 節では前提となる状況やいくつかの概念を例を用いながら説明する．第 1.2 節では数理経済学の分野で不可分財を扱った経済モデルを概説する．第 1.3 節では本書が扱うマッチング市場モデルの既存の結果と本書の構成について簡単に紹介する．

1.1 不可分財と評価関数

自動車のように 1 台，2 台と整数単位でしか扱えないという不可分性をもつ財のことを**不可分財**という．本書では，自動車や自転車など，物理的に整数単位しか意味のない財以外でも，整数単位でしか扱わないという前提のもとで，飲料水や砂糖といった物理的には分割可能な財や労働時間などのサービス時間も不可分財として扱うことにする．また複数の不可分財を扱うため，対象とする不可分財の集合を V などの大文字アルファベットを用いて表す．

例えば，日に 2 度のティータイムを楽しみにしている A 氏が，緑茶，紅茶，砂糖の購入 (それぞれ高々 1 袋) を検討している状況を想定しよう．このとき，A 氏の選択肢はそれぞれの財を購入しないか，あるいは 1 袋を購入するかなので，これらの財は不可分財とみなせる．ここで，

$$V_1 = \{緑茶, 紅茶, 砂糖\}$$

とし，対象となる 3 財からなる集合を V_1 と表すことにする．A 氏はそれぞれの財を高々 1 袋しか購入しないので，A 氏が実際に購入する財は V_1 の部分集合として表現できる．例えば，{紅茶, 砂糖} という V_1 の部分集合により，A 氏が紅茶と砂糖を購入することに決めたとみなす．

ここで，ベクトルを用いた部分集合の表記方法も紹介しておこう．0 または 1 を成分とする 3 次元ベクトル $x = (x_1, x_2, x_3)$ を考える (このようなベクトルを 0–1 ベクトルとよぶことにする)．このとき，x の第 1 成分 x_1 は緑茶に対応し，緑茶の購入決定は $x_1 = 1$ とし，それ以外のときに $x_1 = 0$ とする．同様に x の第 2 成分 x_2 は紅茶，第 3 成分 x_3 は砂糖に対応させる．このようなベクトルを用いると，先ほどの部分集合 {紅茶, 砂糖} はベクトル $(0, 1, 1)$ で表現できる．同様に，以下のような部分集合とベクトルの対応関係を使用する．

$(0, 0, 0)$ ⟷ 何も購入しない
$(1, 0, 0)$ ⟷ 緑茶のみの購入
$(1, 1, 1)$ ⟷ 緑茶, 紅茶, 砂糖の購入

ベクトルを用いる表記においては，それぞれの財の購入個数が高々 1 であるという制限が表記法の前提となっているわけではない．すなわち，ベクトルを用いる表記法の方が融通が利く．事実，本書でも整数ベクトルを用いて不可分財の購入個数 (あるいは消費個数, 生産個数など) を表現し，以下のような表記を用いる．整数全体を $\mathbf{Z}$ と表記し，特に非負整数全体を $\mathbf{Z}_+$ と表記する．不可分財の有限集合を V とし，これらの不可分財の購入個数を表現したい．不可分財 $v \in V$ の購入個数を $x(v)$ とし，不可分財全体の購入状況を $x(v)$ を成分とする V 上のベクトル x で表現する．このベクトルを

$$x = (x(v) \in \mathbf{Z} : v \in V)$$

と表記することにする．購入個数は非負であることを強調する場合は

$$x = (x(v) \in \mathbf{Z}_+ : v \in V)$$

と記述する．また，V 上の整数ベクトル全体のなす集合を $\mathbf{Z}^V$ とし，V 上の非負整数ベクトル全体のなす集合を $\mathbf{Z}_+^V$ と表記する．特に，V 上の 0–1 ベクト

ル全体のなす集合を $\{0,1\}^V$ と表す．同様に，実数全体を $\mathbf{R}$，非負実数全体を $\mathbf{R}_+$ と表記し，V 上の実ベクトル全体のなす集合を $\mathbf{R}^V$ と表記する．

次に財の購入や消費に対する選好や効用について考える．先の A 氏は緑茶も紅茶も好きなため，結局緑茶，紅茶，砂糖のすべてを 1 袋ずつ購入した．A 氏が今悩んでいるのは，これらをどのように消費するかである．A 氏は，毎日 2 回 10 時と 15 時に必ずティータイムをとる．緑茶も紅茶も同じくらい好きだが，紅茶には必ずスプーン 1 杯の砂糖を加える (もちろん緑茶には砂糖は使わない)．また，2 回とも同じお茶を飲むよりは緑茶と紅茶を 1 度ずつ飲む方を好み，飲む順番には依存しないとする．緑茶，紅茶，砂糖の順に添字付けされたベクトルを用いて財の消費の状況を表現する (例えば $(0,2,2)$ は 2 回とも紅茶を飲むことを意味する) と，A 氏は $(1,1,1)$ が $(2,0,0)$ や $(0,2,2)$ よりも好きで，$(2,0,0)$ と $(0,2,2)$ を同程度に好む．上記のような好みの関係を**選好関係**という．選好対象の集合 (上記の例では A 氏は必ず 2 回ティータイムをとるので $\{(1,1,1),(2,0,0),(0,2,2)\}$ が選好対象の集合) の元 x,y に対して，x が y よりも好きか，あるいは x と y が同程度に好きなときに，$x \succeq y$ と書き，選好関係を表現する．特に，x と y が同程度に好きなとき，x と y は**無差別**であるといい，$x \sim y$ と書き，また $x \succeq y$ だが $x \sim y$ ではないとき，$x \succ y$ と書く．上に述べた A 氏の選好関係は，

$$(1,1,1) \succ (2,0,0) \sim (0,2,2) \tag{1.1}$$

と表現できる．

通常，選好関係 $\succeq$ についていくつかの性質を仮定するが，以下の性質を仮定するのは自然であろう．

完備性 すべての選好対象 x と y に対して，$x \succeq y$ あるいは $y \succeq x$ が成り立つ

推移性 すべての選好対象 x,y,z に対して，$x \succeq y$ かつ $y \succeq z$ ならば $x \succeq z$ が成り立つ

完備性は，どのような 2 つの選好対象に対しても好みがはっきりしていることを意味している．推移性は，「グーがチョキより好き，チョキがパーより好き，パーがグーより好き」というような状況が起きないことを意味している．完備

性と推移性のもとでは，選好対象に無差別を許して好みの順番が付くことが導かれる．このような順序を**選好順序**という．(1.1) では，完備性も推移性も成立し，選好順序が付いている．

もし選好順序 $\succeq$ が数値化されていると，数学的にはより扱いやすくなるだろう．選好対象から実数への関数 f が，

- 任意の選好対象 x, y に対し，$x \succeq y$ ならば $f(x) \geq f(y)$，かつ逆も成立

を満たすならば，同一の選好順序を表現するという意味において，関数 f は選好関係 $\succeq$ と等価である．このように選好順序を表現する関数を**効用関数**という．例えば，(1.1) の選好関係を表現するには，効用関数 f を

$$f(1,1,1) = 5, \qquad f(2,0,0) = f(0,2,2) = 2 \qquad (1.2)$$

と定めればよい．このとき，関数値自体には意味がなく，選好対象の関数値による大小関係が意味をもつ．例えば，(1.1) を表現するには，f を

$$f(1,1,1) = 11, \qquad f(2,0,0) = f(0,2,2) = 4 \qquad (1.3)$$

と定めてもよい．上記のように関数値自身には意味がない効用関数を特に**序数的効用関数**という．一方，効用関数の値が大小関係以上の意味を示す場合には**基数的効用関数**という．

選好対象の集合 $X \subseteq \mathbf{Z}^V$ の他に分割可能な財 m を考える．財 m の量を実数 $y_m \in \mathbf{R}$ で表現する．X の元 x と財 m の量 y_m の組 (x, y_m) の全体，すなわち X と $\mathbf{R}$ の直積 $X \times \mathbf{R}$ に対して，ある主体が選好順序 $\succeq$ をもっているとする．このとき，選好順序 $\succeq$ が，ある関数 $f : X \to \mathbf{R}$ を用いて

$$(x, y_m) \succeq (x', y'_m) \Leftrightarrow f(x) + y_m \geq f(x') + y'_m \quad ((x, y_m), (x', y'_m) \in X \times \mathbf{R})$$

という意味で表現されるとき，選好順序 $\succeq$ は財 m を尺度とする効用関数 f で表現できるという．2 人の主体の選好順序がともに財 m を尺度とする効用関数で表現できるとき，この 2 人の間の財 m の受渡しは効用の受渡しと解釈できる．このような意味で，財 m を**譲渡可能効用**といい，f を**譲渡可能効用関数**という．選好順序が上記の条件を満たすとき，単に譲渡可能効用関数で表現でき

るということにする*1).

本書では，選好順序が序数的効用関数で表現できる場合 (第 4 章) と，譲渡可能効用関数で表現できる場合 (第 3 章と第 5 章) を扱う．特に，譲渡可能な場合は，財 m を貨幣とよび，f を "貨幣価値に換算した関数" などとよぶことにする．また，次に説明する定義域の拡張という理由により，本書では効用関数という用語は避け，選好順序を表現する関数を評価関数とよぶことにする．

定義域の拡張について，先の A 氏のティータイム問題を例にとろう．2 回のティータイムで何を飲むかが問題なので，緑茶を 1 回だけ飲むことを表す $(1,0,0)$ は，A 氏にとっては選好対象外となる．また $(1,0,1)$ も (緑茶と砂糖を一緒にとるとみなせるので) 受け入れ難い．A 氏のもつ評価関数を

$$f(1,1,1) = 5, \qquad f(2,0,0) = f(0,2,2) = 2, \\ f(x) = -\infty \quad (x \neq (1,1,1), (2,0,0), (0,2,2)) \tag{1.4}$$

と定めることで，選好順序に矛盾することなく，選好対象が何であるかという情報を評価関数 f に付加することができる．

以上をまとめると，本書で扱うモデルにおいては以下のことを前提とする．

① 不可分財の有限集合 V が所与である
② 意思決定者の評価関数 $f : \mathbf{Z}^V \to \mathbf{R} \cup \{-\infty\}$ が所与である．特に $\{x \in \mathbf{Z}^V \mid f(x) \neq -\infty\}$ が意思決定者の選好対象全体となる．また第 4 章では評価関数が序数的であるとし，第 3 章と第 5 章では評価関数が譲渡可能であるとする

1.2 不可分財を扱った経済モデル

数理経済学の分野では，不可分財をもつモデルや競争均衡の存在性に関する研究がなされてきた．このような研究について簡単に紹介しよう．Henry[37] はすべ

---

*1) 金子[41] は，選好順序 $\succeq$ が次の 3 つの条件
　a) $(x, y_m) \succ (x', y'_m)$ ならば $(x, y_m) \sim (x', z)$ となる $z \in \mathbf{R}$ が存在する
　b) $y_m > y'_m$ ならば $(x, y_m) \succ (x, y'_m)$
　c) $(x, y_m) \sim (x', y'_m)$ ならば $z \in \mathbf{R}$ に対し $(x, y_m+z) \sim (x', y'_m+z)$
を満たすとき，またそのときに限り譲渡可能効用関数で表現できることを示した．

ての不可分財が同一財であるモデルを研究した．Shapley-Shubik[77]，Shapley-Scarf[76]，金子[42]，Quinzii[69] や Gale[32] は，それぞれの主体が1つの財を所有し，高々1つの財しか消費しないという経済モデルにおいて競争均衡の存在を示している．Kelso-Crawford[44] は，労働者の評価関数が貨幣に関して単調増加 (線形である必要はない) で，雇用者の評価関数が貨幣に関して準線形[*2]で粗代替性[*3]を満たすという1対多型のモデルでの競争均衡の存在を示した．金子[42] や金子-山本[43] は，販売者は同種の不可分財をいくつか所有し，購入者は高々1つの不可分財を購入するという一般化割当市場において競争均衡の存在を明らかにした．Bikhchandani-Mamer[7]，van der Laan-Talman-Yang[88]，Beviá-Quinzii-Silva[6]，Gul-Stacchetti[34] や Yang[91] などは，すべての不可分財は別種のものだが主体は複数の不可分財を使用できるというさらに一般的なモデルを扱っている．Danilov-Koshevoy-Murota[12] では，離散凸解析の枠組みを用いたモデルが考えられ，このモデルにおいては主体は同一の不可分財をいくつでも生産や消費することが許されている．彼らは，不可分財からなる交換経済において，それぞれの主体の評価関数が貨幣に関して準線形な単調非減少 $M^{\natural}$凹関数[*4]として表せるならば，競争均衡が存在するという結果を導いた．室田-田村[66] は，この Danilov-Koshevoy-Murota モデルの競争均衡を求める効率的なアルゴリズムを提案している．Danilov-Koshevoy-Lang[11] は，不可分財が代替財と補完財[*5]からなるようなモデルにおいて競争均衡が存在する十分条件を与えている．Hatfield-Milgrom[36] は，契約の集合上での代替性を有する選好順序をもつ1対多型のモデルにおいて，安定な契約集合が存在することを示した (第4.6節参照)．第5章で紹介するが，藤重-田村[30] は，$M^{\natural}$凹効用関数を導入し，手付けの上下限制約と設けることで，Gale-Shapley[33] の安定結婚モデル (次節あるいは第4.1節参照) と Shapley-Shubik[77] の割当モデル (次節あるいは第3.1節参照) の統一モデルを提案し，安定解の存在も示している．

[*2] 定理 2.2 の ② の形式．
[*3] 第 2.8 節参照．
[*4] 第 2.1 節参照．
[*5] 第 1.1 節の A 氏の例では，緑茶は紅茶の代わりをなす財でもあり，紅茶の価格だけが上昇したとき緑茶の消費量が増加するので，緑茶は紅茶の代替財である．一方，紅茶の消費量が増加すれば砂糖の消費量も増加するので砂糖は紅茶の補完財となる．

多くの既存の研究が存在するが，本書では次節で紹介するタイプのモデルに焦点を絞ることにする．

1.3　マッチング市場モデル

男性集合と女性集合，売り手と買い手のように主体の集合が共通部分をもたない2種類の集合に分けられ，2つの集合間のパートナーシップや売買などの割当を扱う市場モデルを総称してマッチング市場モデルとよぶことにする．マッチング市場モデルの理論において，Gale–Shapley[33]による安定結婚モデルとShapley–Shubik[77]による割当モデルという2つの標準的なモデルがある．安定結婚モデルと割当モデルの違いは，安定結婚モデルは貨幣あるいは効用の譲渡可能性を許さず，割当モデルはそれを許すことである．

　Gale–Shapleyによる安定結婚モデルでは，n人の男性と女性が存在し，各人の異性に対する選好順序(全順序関係)が与えられている状況を考える．$2n$人の男性と女性をn組の男女のペアに分割したものをマッチングとよぶ．与えられたマッチングに対して，マッチングにおけるパートナーよりも互いに好き合う男女のペアが存在するとき(この男女が駆け落ちするとみなし)，このマッチングは不安定であるという．このような男女の組が存在しないとき，マッチングは安定であるという．1962年にGale–Shapley[33]は，安定マッチングを求めるアルゴリズムを開発することで常に安定マッチングが存在することを証明した．彼らの論文以降，多くのバリエーションや拡張がなされてきた．最適化の分野でも安定結婚モデルの拡張がなされている．Fleiner[23]により，安定結婚モデルがマトロイド[*6]の枠組みへと拡張され，安定解の存在も示された．Fleiner[24]は，さらにTarskiの不動点定理を用いた枠組みを提案し，安定解の存在や安定解の束構造を議論している．Fleiner[23]のモデルでは各主体の選好順序はマトロイド上の線形評価関数で表現できるが，江口–藤重[16]および江口–藤重–田村[17]では，離散凸解析の枠組みを用いてFleinerのマトロイドを用いたモデルを拡張した．彼らのモデルにおいては，各主体の選好は$M^{\natural}$凹評価関数によって表現される．Gale–Shapleyによる安定結婚モデル，Fleinerのマト

---

*6)　付録C参照．

ロイドを用いたモデルおよび江口–藤重–田村の離散凸解析を用いたモデルの詳細は第4章で議論する.

Shapley–Shubik[77] による割当モデルにおいては,男性 i と女性 j がパートナーシップを結んだ場合には c_{ij} という収益を生み,これを $q_i + r_j = c_{ij}$ と $q_i, r_j \geq 0$ を満たすようにそれぞれ q_i と r_j に分配する.男女の組からなるマッチング X と収益を表すベクトル q と r の3つ組 (X, q, r) に対して,すべての男女の組 (i, j) で $q_i + r_j \geq c_{ij}$ が成立するとき,(X, q, r) は安定であるという.この安定性は,どの男女の組もマッチング X を壊しても利益が増えないことを意味している.Shapley–Shubik[77] は,線形計画問題の双対理論[*7]を利用し,割当モデルには常に安定な解 (X, q, r) が存在することを示した.この割当モデルに対しても多くの拡張が提案されている.Sotomayor[82] では,割当モデルの多対多型のモデルについて常にコアとよばれるものが存在することを示した.Kelso–Crawford[44] では,各労働者は給与に関して狭義単調な (線形とは限らない) 評価関数をもち,各雇用者は粗代替性を有する評価関数をもつ1対多型のモデルを提案し,競争均衡の存在を示している.Shapley–Shubik の割当モデル,Sotomayor による多対多型のモデル,さらにはこれらを M♮凹関数を用いて拡張したモデルを第3章で扱う.

一方では,安定結婚モデルと割当モデルを統一するという試みもなされてきた.Crawford–Knoer[9] は Gale–Shapley の安定結婚モデルの安定マッチングを求めるアルゴリズムを割当モデルに適用できるようにした.金子[42] は,特性関数を用いることで安定結婚モデルと割当モデルを包含するモデルを与え,コアの存在を証明した.Eriksson–Karlander[18] は,安定結婚モデルと割当モデルのハイブリッド版ともいえるモデルを提案し,安定解の存在を示した.このモデルの特徴は,主体を柔軟な主体と厳格な主体という2種類に分類するところにある.藤重–田村[29] では,Eriksson–Karlander のモデルに M♮凹評価関数を導入したモデルを提案し,安定解の存在を示した.Hatfield–Milgrom[36] も,契約集合上での代替性を有する選好順序を考慮することで安定結婚モデルを拡張したが,これは割当モデルをも包含するとみなせる.また,藤重–田村[30] では,手付けに上下限制約を付けるというアイデアを導入し,安定結婚モデル,割当モ

[*7] 付録 A 参照.

デル，Eriksson–Karlander のモデルや藤重–田村[29] のモデルを包含するモデルを提案し，安定解の存在を構成的に証明した．第 4.6 節では Hatfield–Milgrom のモデルを紹介し，第 4.7 節ではこのモデルといくつかのモデルの関係を議論する．Hatfield–Milgrom のモデルと藤重–田村[30] のモデルは独立なモデルと思われる．最後の第 5 章では，Eriksson–Karlander のモデルや藤重–田村[30] のモデルおよびこれらの関係などを議論する．

2 離散凸解析概論
—M凹性について—

　離散数学の分野では，劣モジュラ関数[15, 26, 49]，一般化ポリマトロイド[25, 26]，付値マトロイド[14, 57]や凸解析[70]などの既存の研究を統合した離散最適化の枠組みとして離散凸解析が，室田[54, 55]により提案された．離散凸解析では，M凸性とL凸性という2種類の離散的な凸性が中心的な役割を演じ，離散分離定理，M/L共役性と双対理論などが展開される．離散凸解析全般については，室田[58, 59, 61]や藤重[27]を参照されたい[*1]．

　本章では，次章以降で必要となる離散凸解析に関する事柄，特にM凸性[54, 55]とそのバリエーションである$M^\natural$凸性[62] ($M^\natural$はエムナチュラルと読む) について概説するが，後々の都合で凹関数を用いて説明を行う．第2.1節ではM凹関数と$M^\natural$凹関数の定義を，第2.2節では$M^\natural$凹関数の例を，第2.3節では$M^\natural$凹性を保存する演算を紹介する．第2.4節では，$M^\natural$凹関数の最大解集合が満たす性質を議論する．第2.5節と第2.6節では$M^\natural$凹関数の最大化アルゴリズムについて触れるが，細かい議論でもあるので必要なときに読めば十分だろう．一般に2つの$M^\natural$凹関数の和は$M^\natural$凹ではない．第2.7節では，2つの$M^\natural$凹関数の和の最大解を求めるアルゴリズムを紹介する．これは第5章で紹介するアルゴリズムの基本形なので，第5.4節を読む前には一読してほしい．第2.8節では，$M^\natural$凹性と粗代替性や代替性などとの関係を議論し，いくつかの結果の証明を第2.10節で与える．第2.9節では，通常は難しいとされる組合せオークションについて$M^\natural$凹評価関数を用いた場合は解を効率的に求めることができるこ

[*1] 図書紹介：初学者には図書[61]がよいだろう．最新の話題も取り入れ，話の流れを重視し，分かりやすく書かれている．図書[58, 59]は専門家向きである．図書[27]の第7章では，上記の図書とは異なる視点からの離散凸解析が紹介されている．

2.1 M凹性とM♮凹性の定義

まずM凹関数およびM♮凹関数の概念を紹介しよう. V を有限集合とする. V 上の整数ベクトル $z = (z(v) : v \in V) \in \mathbf{Z}^V$ の正の台と負の台をそれぞれ

$$\begin{aligned} \mathrm{supp}^+(z) &= \{v \in V \mid z(v) > 0\} \\ \mathrm{supp}^-(z) &= \{v \in V \mid z(v) < 0\} \end{aligned} \quad (2.1)$$

と定義する. もし z が不可分財の集合 V の売買量 (売るときは正, 買うときは負とする) を表現するならば, $\mathrm{supp}^+(z)$ は売却する不可分財全体の集合を, $\mathrm{supp}^-(z)$ は購入する不可分財全体の集合を表す. 部分集合 $S \subseteq V$ に対して, その**特性ベクトル** χ_S を

$$\chi_S(v) = \begin{cases} 1 & (v \in S) \\ 0 & (その他) \end{cases} \quad (v \in V) \quad (2.2)$$

と定義し, 簡単のために V のそれぞれの元 u については $\chi_{\{u\}}$ の代わりに χ_u と表記する. 以降では $0 \notin V$ であることを仮定し, 表記の都合上の理由で, χ_0 を V 上で定義されたゼロベクトル, すなわち $\chi_\emptyset$ を表すと仮定する.

ベクトル $p \in \mathbf{R}^V$ と関数 $f : \mathbf{Z}^V \to \mathbf{R} \cup \{-\infty\}$ に対して, 変数 $x \in \mathbf{Z}^V$ に関する関数 $\langle p, x \rangle$ を

$$\langle p, x \rangle = \sum_{v \in V} p(v) x(v) \quad (2.3)$$

と定義し, さらに x に関する関数 $f + p$ と $f - p$ を

$$(f + p)(x) = f(x) + \langle p, x \rangle, \quad (f - p)(x) = f(x) - \langle p, x \rangle \quad (2.4)$$

と定義する. また, f の**実効定義域** $\mathrm{dom} f$ を

$$\mathrm{dom} f = \{x \in \mathbf{Z}^V \mid f(x) \neq -\infty\} \quad (2.5)$$

と定義し, f の**最大解全体** $\arg\max f$ を

$$\arg\max f = \{x \in \mathrm{dom} f \mid f(x) \geq f(y) \quad (y \in \mathbf{Z}^V)\} \tag{2.6}$$

と定義する. $p(v)$ が財 $v \in V$ の価格, f がある消費者の財の消費量に関する貨幣価値に換算した評価関数とすると, $(f-p)(x)$ は消費による貨幣評価から消費する財の購入費用を引いたもの, すなわち財の消費量 x の正味の利得とみなせる. また $\arg\max(f-p)$ は, この正味の利得を最大とする財の消費量を表すベクトル全体を意味している. 第 1.1 節で説明したように, f の実効定義域は選好対象全体となる.

M凹関数や $\mathrm{M}^\natural$ 凹関数を紹介する前に, 通常の凹関数 $g: \mathbf{R}^V \to \mathbf{R}$ の性質をみてみる. 凹関数の定義は, 任意の $x, y \in \mathbf{R}^V$ と $0 \leq \lambda \leq 1$ を満たす任意の λ に対して,

$$\lambda g(x) + (1-\lambda)g(y) \leq g(\lambda x + (1-\lambda)y) \tag{2.7}$$

が成り立つことである. (2.7) は, 図 2.1 の左図のように任意に選んだ閉区間 $[y,x]$ において関数 g のグラフが $(y,g(y))$ と $(x,g(x))$ を結んだ線分より下にはこないことを意味している. (2.7) から導かれる凹関数の性質をみてみる. $0 \leq \xi \leq 1$ を満たす任意の ξ に対して, (2.7) において $\lambda = 1-\xi, \lambda = \xi$ として辺々を加えることで, 不等式

$$g(x) + g(y) \leq g(x + \xi(y-x)) + g(y + \xi(x-y)) \tag{2.8}$$

を得る. 不等式 (2.8) の意味するところは, 図 2.1 の右図のように 2 点を結ぶ線分上を互いに等距離だけ近づいた 2 点での関数値の和は, 元々の 2 点での関数値の和以上である. 逆に連続関数については (2.8) から凹性 (2.7) を導くこと

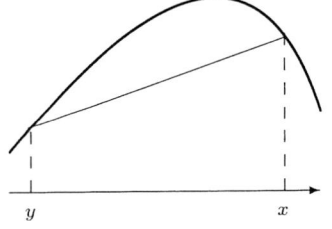 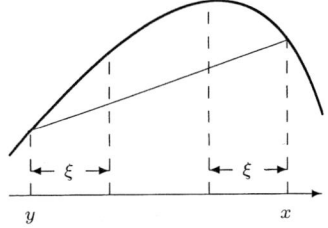

図 2.1　1 変数凹関数の例

2.1 M凹性とM♮凹性の定義

もできる*2). この性質 (2.8) を念頭において, M凹関数とM♮凹関数の定義を眺めてみる.

まずはM凹関数の定義を与えよう. 関数 $f: \mathbf{Z}^V \to \mathbf{R} \cup \{-\infty\}$ が **M凹関数**[54, 55)] であるとは, $\mathrm{dom} f \neq \emptyset$ であって, f が次の交換公理

(M) 任意の $x, y \in \mathrm{dom} f$ と任意の $u \in \mathrm{supp}^+(x-y)$ に対して, ある $v \in \mathrm{supp}^-(x-y)$ が存在して

$$f(x) + f(y) \leq f(x - \chi_u + \chi_v) + f(y + \chi_u - \chi_v)$$

を満たすことと定義する.

次のような意味で条件 (M) は (2.8) の離散版とみなすことができる. 関数 f は整数格子 $\mathbf{Z}^V$ 上で定義されているため, $x, y \in \mathrm{dom} f$ である2点 x と y を結ぶ線分上で関数が定義される保証はない. そのため, (M) ではまず整数格子において x と y が近づく軸方向 u を任意に固定する. $u \in \mathrm{supp}^+(x-y)$ であるから, x の u 成分を1だけ減らし, y の u 成分を1だけ増やすことを考える. (M) では, このような状況において必ず u 軸方向とは異なる v 軸方向が存在し, $x - \chi_u$ の v 成分を1だけ増やし, $y + \chi_u$ の v 成分を1だけ減らすことで x と y を2歩ずつ近づけた2点 $x - \chi_u + \chi_v$ と $y + \chi_u - \chi_v$ の関数値の和が増加することを主張している (図 2.2).

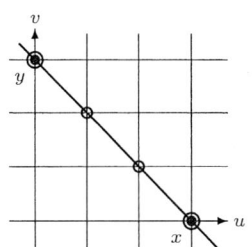

図 **2.2** 2変数M凹関数の場合
白丸での関数値の和は x と y での関数値の和以上.

---

*2) (2.8) で $\xi = 1/2$ とすると x と y の中点 z_1 に対し, $(z_1, g(z_1))$ は $(y, g(y))$ と $(x, g(x))$ を結んだ線分 ℓ より上にある. $\lambda > 1/2$ ならば, x と z_1 の中点 z_2 に対し, $(z_2, g(z_2))$ は ℓ より上にある. このように $\lambda x + (1 - \lambda)y$ に収束する点列 $\{z_i\}$ を生成すると $(z_i, g(z_i))$ は常に ℓ より上にあり, g の連続性より (2.7) を導ける.

条件 (M) から，2 点 $x - \chi_u + \chi_v$ と $y + \chi_u - \chi_v$ の関数値は (有限の) 実数とならなければならず，2 点ともに f の実効定義域に含まれる．さらに M 凹関数の実効定義域は成分和が一定の超平面 $\{x \in \mathbf{R}^V \mid x(V) = \text{constant}\}$ (ただし $x(V) = \sum_{v \in V} x(v)$) の上に乗る (図 2.2)．

M 凹関数の実効定義域は成分和一定の超平面上に乗るため，実効定義域を 1 次元低い部分空間に射影しても本質的な情報は失われない．この考え方により，M 凹関数から得られるバリエーションを $\mathrm{M}^\natural$ 凹関数という．より正確には，V とこれに含まれない新しい元 0 の和集合を $\hat{V} = \{0\} \cup V$ としたとき，関数 $f : \mathbf{Z}^V \to \mathbf{R} \cup \{-\infty\}$ が $\mathrm{M}^\natural$ 凹関数[62]であるとは，$\mathrm{dom} f \neq \emptyset$ であって，f がある M 凹関数 $\hat{f} : \mathbf{Z}^{\hat{V}} \to \mathbf{R} \cup \{-\infty\}$ によって

$$f(x) = \hat{f}(x_0, x) \qquad (x \in \mathbf{Z}^V,\ x_0 = -x(V)) \qquad (2.9)$$

と表現されることと定義する．逆に，$\mathrm{M}^\natural$ 凹関数 f によって対応する M 凹関数 $\hat{f}$ を

$$\hat{f}(x_0, x) = \begin{cases} f(x) & (x_0 = -x(V)) \\ -\infty & (その他) \end{cases} \qquad ((x_0, x) \in \mathbf{Z}^{\hat{V}}) \qquad (2.10)$$

と定めることもできる．M 凹関数と同様に $\mathrm{M}^\natural$ 凹関数も交換公理により特徴付けられる．

定理 2.1[*3] 実効定義域が非空である関数 $f : \mathbf{Z}^V \to \mathbf{R} \cup \{-\infty\}$ が $\mathrm{M}^\natural$ 凹であるための必要十分条件は f が交換公理

> $(\mathrm{M}^\natural)$ 任意の $x, y \in \mathrm{dom} f$ と任意の $u \in \mathrm{supp}^+(x - y)$ に対して，ある $v \in \{0\} \cup \mathrm{supp}^-(x - y)$ が存在して
>
> $$f(x) + f(y) \leq f(x - \chi_u + \chi_v) + f(y + \chi_u - \chi_v)$$

を満たすことである．

条件 (M) と同様に，$(\mathrm{M}^\natural)$ も (2.8) の離散版とみなすことができる．(M) との違いは，$(\mathrm{M}^\natural)$ では x と y から互いに u 軸方向に 1 歩ずつ近づいた $x - \chi_u$

[*3] 元々は $\mathrm{M}^\natural$ 凸関数に対して室田–塩浦[62]により示された．

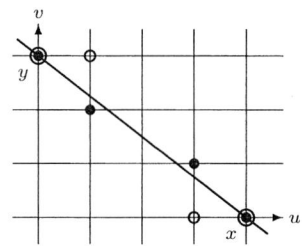

図 **2.3** 2 変数 M♮ 凹関数の場合
白丸での関数値の和あるいは黒丸での関数値の和は x と y での関数値の和以上.

と $y + \chi_u$ (図 2.3 の白丸) において, 2 通りの場合がある. もし $v \neq 0$ ならば, (M) のときと同様に, $x - \chi_u$ と $y + \chi_u$ から互いに v 軸方向に 1 歩ずつ近づいた 2 点 $x - \chi_u + \chi_v$ と $y + \chi_u - \chi_v$ (図 2.3 の黒丸) を考慮する. もし $v = 0$ ならば, χ_0 はゼロベクトルであるから白丸を対象とする. (M♮) では移動できる点の候補が (M) よりも増えている. すなわち, M 凹関数は M♮ 凹関数であり, また M 凹関数にはならない M♮ 凹関数も存在する. このことは M 凹性と M♮ 凹性が等価な概念であることに矛盾するように思えるかもしれないが, これは次元を固定した場合の話であり,

$$f : (\mathrm{M}^\natural) \Leftrightarrow \hat{f} : (\mathrm{M}) \Rightarrow \hat{f} : (\mathrm{M}^\natural)$$

という関係で整理することで, 矛盾なく理解できるであろう.

2.2 M♮ 凹関数の例

本節では, M♮ 凹関数の例をいくつか紹介しよう.

例 2.1 (1 次関数) ベクトル $p \in \mathbf{R}^V$ と実数 $\alpha \in \mathbf{R}$ により定まる 1 次関数

$$f(x) = \langle p, x \rangle + \alpha \qquad (x \in \mathbf{Z}^V)$$

は M♮ 凹関数である. ∎

例 2.2 (分離凹関数) 1 変数凹関数 $\varphi_v : \mathbf{R} \to \mathbf{R} \cup \{-\infty\}$ $(v \in V)$ の和として書ける分離凹関数

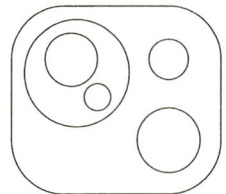

図 2.4 ベン図を用いた層族の様子

$$f(x) = \sum_{v \in V} \varphi_v\bigl(x(v)\bigr) \qquad (x \in \mathbf{Z}^V)$$

は $\mathrm{dom} f \neq \emptyset$ ならば $\mathrm{M}^\natural$ 凹関数である. ■

V の部分集合の族 $\mathcal{T}$ が, 非空でかつ次の条件

$$X, Y \in \mathcal{T} \;\Rightarrow\; X \cap Y = \emptyset \text{ または } X \subseteq Y \text{ または } Y \subseteq X$$

を満たすときに, $\mathcal{T}$ を**層族**という. 図 2.4 はベン図を用いた層族の様子である.

例 2.3 (層凹関数) 与えられた層族 $\mathcal{T}$ とそれぞれの $Z \in \mathcal{T}$ に対する 1 変数凹関数 $f_Z : \mathbf{R} \to \mathbf{R} \cup \{-\infty\}$ によって定まる

$$f(x) = \sum_{Z \in \mathcal{T}} f_Z\bigl(x(Z)\bigr) \qquad (x \in \mathbf{Z}^V)$$

は $\mathrm{dom} f \neq \emptyset$ ならば $\mathrm{M}^\natural$ 凹関数である. ただし $x(Z) = \sum_{v \in Z} x(v)$ である. ■

ここまでの例において, 1 次関数は特殊な分離凹関数であり, 分離凹関数は $\mathcal{T} = V$ と定めた特殊な層凹関数である. 例 2.3 の層凹関数 f が $\mathrm{M}^\natural$ 凹関数となることを確認してみよう. $x, y \in \mathrm{dom} f$ と $u \in \mathrm{supp}^+(x - y)$ を任意に選び, $\mathcal{T}_u = \{Z \in \mathcal{T} \mid u \in Z\}$ とする. $\mathcal{T}_u = \emptyset$ ならば, $f(x) = f(x - \chi_u)$ かつ $f(y) = f(y + \chi_u)$ となるので, $v = 0$ として $(\mathrm{M}^\natural)$ が成立する. また, すべての $Z \in \mathcal{T}_u$ に対して $y(Z) < x(Z)$ ならば, (2.8) より, $f_Z(x(Z) - 1) + f_Z(y(Z) + 1) \geq f_Z(x(Z)) + f_Z(y(Z))$ となるので,

2.2 M♮凹関数の例   17

$$f(x - \chi_u) + f(y + \chi_u) - (f(x) + f(y))$$
$$= \sum_{Z \in \mathcal{T}_u} \left(f_Z(x(Z) - 1) + f_Z(y(Z) + 1) - f_Z(x(Z)) - f_Z(y(Z)) \right)$$
$$\geq 0$$

となる．したがって $v = 0$ として (M♮) が成立する．最後にある $Z \in \mathcal{T}_u$ に対して $y(Z) \geq x(Z)$ となる場合を考える．$\mathcal{T}_u = \{Z_1, Z_2, \ldots, Z_r\}$ とすると，これは包含関係に関して全順序集合となるので，

$$u \in Z_1 \subset Z_2 \subset \cdots \subset Z_r$$

とし，便宜上 $Z_0 = \emptyset$ とする．Z_k を $y(Z_k) \geq x(Z_k)$ となる $\mathcal{T}_u$ 内の最小元とする．$x(u) > y(u)$ でかつ $x(Z_k) \leq y(Z_k)$ であるから，Z_k の最小性から $x(v) < y(v)$ を満たす $v \in Z_k \setminus Z_{k-1}$ が存在しなければならない．$x' = x - \chi_u + \chi_v$ かつ $y' = y + \chi_u - \chi_v$ とおく．Z_k の定義より $i = 1, \ldots, k-1$ に対して $x(Z_i) > y(Z_i)$ かつ $v \notin Z_i$ となるので，(2.8) より，

$$f_{Z_i}(x'(Z_i)) + f_{Z_i}(y'(Z_i)) = f_{Z_i}(x(Z_i) - 1) + f_{Z_i}(y(Z_i) + 1)$$
$$\geq f_{Z_i}(x(Z_i)) + f_{Z_i}(y(Z_i))$$

を得る．一方，$j = k, \ldots, r$ に対して $x'(Z_j) = x(Z_j)$ かつ $y'(Z_j) = y(Z_j)$ である．以上を総合すると，

$$f(x') + f(y') - (f(x) + f(y))$$
$$= \sum_{i=1}^{k-1} \left(f_{Z_i}(x'(Z_i)) + f_{Z_i}(y'(Z_i)) - f_{Z_i}(x(Z_i)) - f_{Z_i}(y(Z_i)) \right) \geq 0$$

となるので，やはり (M♮) が成立する．

例 2.4，例 2.5 の例はマトロイドから得られる M♮凹関数である (マトロイドについては付録 C.1 参照).

例 2.4 V 上のマトロイドの独立集合族 $\mathcal{I}$ とベクトル $w \in \mathbf{R}^V$ により定まる関数

$$f(x) = \begin{cases} \displaystyle\sum_{v \in Y} w(v) & (x = \chi_Y \text{ である } Y \in \mathcal{I} \text{ が存在}) \\ -\infty & (\text{その他}) \end{cases} \quad (x \in \mathbf{Z}^V)$$

は $M^\natural$ 凹関数である.

マトロイドの基族に対しても $M^\natural$ 凹関数 (正確には M 凹関数) が定まる.

例 2.5 V 上のマトロイドの基族 $\mathcal{B}$ とベクトル $w \in \mathbf{R}^V$ により定まる関数

$$f(x) = \begin{cases} \sum_{v \in Y} w(v) & (x = \chi_Y \text{ である } Y \in \mathcal{B} \text{ が存在}) \\ -\infty & (\text{その他}) \end{cases} \quad (x \in \mathbf{Z}^V)$$

は M 凹関数である.

2.3 $M^\natural$ 凹関数の演算

通常の凹関数に対しては凹性を保存する演算が, $M^\natural$ 凹性や M 凹性を保存する保証はない. 本節では, どのような演算が $M^\natural$ 凹性を保存し, またどのような演算が $M^\natural$ 凹性を保存しないかを簡単に紹介する. 本節では紹介しない演算もあるが, その他の演算については図書[61]を参照されたい.

定理 2.2[*4] $f, f_1, f_2 : \mathbf{Z}^V \to \mathbf{R} \cup \{-\infty\}$ が $M^\natural$ 凹関数のとき, 以下の演算で定義される $\tilde{f}$ は $\mathrm{dom}\,\tilde{f} \neq \varnothing$ ならば $M^\natural$ 凹関数である.

① 正の実数 λ に対して

$$\tilde{f}(x) = \lambda f(x) \quad (x \in \mathbf{Z}^V)$$

② $p \in \mathbf{R}^V$ に対して

$$\tilde{f}(x) = f(x) + \langle p, x \rangle \quad (x \in \mathbf{Z}^V)$$

③ $a \in (\mathbf{Z} \cup \{-\infty\})^V$ と $b \in (\mathbf{Z} \cup \{+\infty\})^V$ に関する[*5] 制限

$$\tilde{f}(x) = \begin{cases} f(x) & (a \leq x \leq b) \\ -\infty & (\text{その他}) \end{cases} \quad (x \in \mathbf{Z}^V)$$

[*4] ⑥ の証明については図書[58, 59]を参照されたい. その他については ($M^\natural$) の確認は容易である.
[*5] $v \in V$ に対して, $a(v) \in \mathbf{Z} \cup \{-\infty\}$ を意味する. b についても同様.

④ 直和
$$\tilde{f}(x,y) = f_1(x) + f_2(y) \qquad (x, y \in \mathbf{Z}^V)$$

⑤ 分離凹関数との和．すなわち1変数凹関数 φ_v $(v \in V)$ に対して
$$\tilde{f}(x) = f(x) + \sum_{v \in V} \varphi_v(x(v)) \qquad (x \in \mathbf{Z}^V)$$

⑥ 合成積
$$\tilde{f}(x) = (f_1 \Box f_2)(x) = \sup_{y \in \mathbf{Z}^V} \{f_1(y) + f_2(x-y)\} \qquad (x \in \mathbf{Z}^V) \quad (2.11)$$

定理 2.2 の②〜④は第2章以降でも頻繁に用いるので，証明を確認しておこう．f が M♮ 凹関数であるから，任意の $x, y \in \mathrm{dom} f$ と $u \in \mathrm{supp}^+(x-y)$ に対して，ある $v \in \{0\} \cup \mathrm{supp}^-(x-y)$ が存在し，$f(x) + f(y) \leq f(x - \chi_u + \chi_v) + f(y + \chi_u - \chi_v)$ となる．②については，$\langle p, x \rangle + \langle p, y \rangle = \langle p, x - \chi_u + \chi_v \rangle + \langle p, y + \chi_u - \chi_v \rangle$ であるから，$\tilde{f}(x) + \tilde{f}(y) \leq \tilde{f}(x - \chi_u + \chi_v) + \tilde{f}(y + \chi_u - \chi_v)$ を得る．③については，$a \leq x \leq b$ かつ $a \leq y \leq b$ のときのみ考慮すればよいが，このとき $a \leq x - \chi_u + \chi_v \leq b$ かつ $a \leq y + \chi_u - \chi_v \leq b$ であるから，③の $\tilde{f}$ も (M♮) を満たす．④については，f_1 と f_2 が (M♮) を満たすので，u が x の成分と y の成分のどちらに対応するかで場合分けすればよい．

通常の凹関数の和は凹関数となる．しかし M♮ 凹関数に関しては和は一般的に M♮ 凹関数とはならない．2つの M♮ 凹関数の和については，第 2.7 節で扱う．

2.4 M♮ 凹関数の最大解集合

本節では M♮ 凹関数の最大解集合のいくつかの性質を紹介する．通常の凹関数ではその最大化が焦点となる．M♮ 凹関数についても同様である．まずは M♮ 凹関数の最大解の局所的な特徴付けについて紹介する．

定理 2.3[*6)]　M♮ 凹関数 $f : \mathbf{Z}^V \to \mathbf{R} \cup \{-\infty\}$ と点 $x \in \mathrm{dom} f$ に対して，$x \in \arg\max f$ であるための必要十分条件は

[*6)] 元々は M 凸関数に対して室田[54, 55]により示され，M♮ 凸関数へと室田–塩浦[62]により拡張された．

$$f(x) \geq f(x - \chi_u + \chi_v) \qquad (u, v \in \{0\} \cup V) \tag{2.12}$$

となることである.

[証明] $x \in \arg\max f$ ならば,最大解の定義より (2.12) は成立する.逆を背理法を用いて証明する.$x \in \mathrm{dom} f$ は (2.12) を満たすが,$f(y) > f(x)$ である y が存在したと仮定する.さらに,y は $f(y) > f(x)$ を満たす中で $\|x - y\|_1 = \sum_{v \in V} |x(v) - y(v)|$ を最小にすると仮定できる.$x \neq y$ であるから,$\mathrm{supp}^+(x-y) \neq \emptyset$ あるいは $\mathrm{supp}^-(x-y) \neq \emptyset$ であるが,一般性を失うことなく,$\mathrm{supp}^+(x-y) \neq \emptyset$ の場合を扱う.$x, y, u \in \mathrm{supp}^+(x-y)$ に対して,(M♮) を用いるとある $v \in \{0\} \cup \mathrm{supp}^-(x-y)$ が存在して,

$$f(x) + f(y) \leq f(x - \chi_u + \chi_v) + f(y + \chi_u - \chi_v)$$

となる.ここで,x は (2.12) を満たすので,$f(x) \geq f(x - \chi_u + \chi_v)$ でなければならない.上の不等式を満たすためには,$f(y + \chi_u - \chi_v) \geq f(y) \; (> f(x))$ が成立するが,$\|x - (y + \chi_u - \chi_v)\|_1 \leq \|x - y\|_1 - 1$ となり,y の定義に矛盾する.すなわち,$x \in \arg\max f$ が成り立たなければならない. □

定理 2.3 は,与えられた点 x が f の最大解であるかどうかを確認するためには,$|V|^2$ 個程度の点に対する関数値を計算するだけでよいことを主張している.すなわち,局所的な最適性が大域的最適性を導くことを示している.

M♮凹関数 $f : \mathbf{Z}^V \to \mathbf{R} \cup \{-\infty\}$ に対して,$\arg\max f$ が満たす性質をみてみよう.異なる $x, y \in \arg\max f$ と $u \in \mathrm{supp}^+(x-y)$ に対して,ある $v \in \{0\} \cup \mathrm{supp}^-(x-y)$ が存在して,

$$f(x) + f(y) \leq f(x - \chi_u + \chi_v) + f(y + \chi_u - \chi_v)$$

が成立する.ここで $x, y \in \arg\max f$ であるから,上式右辺の $x - \chi_u + \chi_v$ と $y + \chi_u - \chi_v$ はともに $\arg\max f$ に含まれる必要がある.このことより,$B = \arg\max f$ とおくと

(B♮) 任意の $x, y \in B$ と任意の $u \in \mathrm{supp}^+(x-y)$ に対して,ある $v \in \{0\} \cup \mathrm{supp}^-(x-y)$ が存在して $x - \chi_u + \chi_v, y + \chi_u - \chi_v \in B$

が成り立つ．(M♮) より，dom$f$ もやはり (B♮) を満たすことが分かる．特に，f が M 凹関数であるとき，$\arg\max f$ や dom$f$ は次の条件

(B) 任意の $x, y \in B$ と任意の $u \in \mathrm{supp}^+(x-y)$ に対して，ある $v \in \mathrm{supp}^-(x-y)$ が存在して $x - \chi_u + \chi_v, \ y + \chi_u - \chi_v \in B$

を満たす．$\arg\max f$ や dom$f$ に限らず，(B) を満たす集合 B を **M凸集合** といい，(B♮) を満たす集合 B を **M♮凸集合** という．まとめると以下の補題を得る．

補題 2.4 M♮凹関数 $f : \mathbf{Z}^V \to \mathbf{R} \cup \{-\infty\}$ に対して，dom$f$ および $\arg\max f$ は M♮凸集合であり，特に f が M 凹関数のときには dom$f$ および $\arg\max f$ は M凸集合である．

以下の補題は，第 2.7 節で与えるアルゴリズムや第 5 章で与えるアルゴリズムの正当性を保証する鍵となる性質である．補題 2.6 は補題 2.5 の M♮凸集合版である．

補題 2.5[*7)] $B \subseteq \mathbf{Z}^V$ を M凸集合，$x \in B$ とし，$u_1, v_1, \ldots, u_r, v_r \in V$ はすべてが異なるとする．もし $x - \chi_{u_i} + \chi_{v_i} \in B \ (i = 1, 2, \ldots, r)$ かつ $x - \chi_{u_i} + \chi_{v_j} \notin B \ (i = 1, 2, \ldots, r; j = i+1, \ldots, r)$ ならば，$x - \sum_{i=1}^r (\chi_{u_i} - \chi_{v_i}) \in B$ となる．また，$x + \chi_{u_i} - \chi_{v_i} \in B \ (i = 1, 2, \ldots, r)$ かつ $x + \chi_{u_i} - \chi_{v_j} \notin B \ (i = 1, 2, \ldots, r; j = i+1, \ldots, r)$ ならば，$x + \sum_{i=1}^r (\chi_{u_i} - \chi_{v_i}) \in B$ となる．

[証明] 後者も同様に証明できるので，前者のみを数学的帰納法で証明する．$k = 1, 2, \ldots, r$ に対して，

$$x^k = x - \sum_{i=1}^k (\chi_{u_i} - \chi_{v_i})$$

とおく．$k = 1$ のときは仮定から明らかに $x^1 \in B$ が成立する．$k \geq 2$ に対して，$x^{k-1} \in B$ と仮定する．$x' = x - \chi_{u_k} + \chi_{v_k} \in B$ とおく．$u_1, v_1, \ldots, u_k, v_k \in V$ はすべて異なる元なので，$u_k \in \mathrm{supp}^+(x^{k-1} - x')$ である．(B) より，ある $v \in \mathrm{supp}^-(x^{k-1} - x') = \{u_1, \ldots, u_{k-1}, v_k\}$ が存在し，

[*7)] 藤重[27)] の Lemma 4.5 の特殊ケースである．

$$x^{k-1} - \chi_{u_k} + \chi_v \in B \quad \text{かつ} \quad x' + \chi_{u_k} - \chi_v \in B$$

となる. 仮に $v = u_i$ $(i = 1, 2, \ldots, k-1)$ とすると $x' + \chi_{u_k} - \chi_v = x - \chi_{u_i} + \chi_{v_k} \in B$ となり前提条件に反する. すなわち, $v = v_k$ でなければならず, $x^k = x^{k-1} - \chi_{u_k} + \chi_v \in B$ となる. 以上より $x^r \in B$ となる. □

補題 2.6 $B \subseteq \mathbf{Z}^V$ を M♮凸集合, $x \in B$ とし, $u_1, v_1, \ldots, u_r, v_r \in \{0\} \cup V$ はすべてが異なる元で, 0 となる可能性があるのは v_r のみとする. このとき, もし次の条件

- $x - \chi_{u_i} + \chi_{v_i} \in B$ $\quad (i = 1, 2, \ldots, r)$
- $x - \chi_{u_i} \notin B$ $\quad (i = 1, 2, \ldots, r-1)$
- $v_r \neq 0$ ならば $x - \chi_{u_r} \notin B$
- $x - \chi_{u_i} + \chi_{v_j} \notin B$ $\quad (i = 1, 2, \ldots, r; j = i+1, \ldots, r)$

をすべて満たすならば, $x - \sum_{i=1}^{r}(\chi_{u_i} - \chi_{v_i}) \in B$ となる. また, 次の条件

- $x + \chi_{u_i} - \chi_{v_i} \in B$ $\quad (i = 1, 2, \ldots, r)$
- $x + \chi_{u_i} \notin B$ $\quad (i = 1, 2, \ldots, r-1)$
- $v_r \neq 0$ ならば $x + \chi_{u_r} \notin B$
- $x + \chi_{u_i} - \chi_{v_j} \notin B$ $\quad (i = 1, 2, \ldots, r; j = i+1, \ldots, r)$

をすべて満たすならば, $x + \sum_{i=1}^{r}(\chi_{u_i} - \chi_{v_i}) \in B$ となる.

[証明] 後者も同様に示せるので, 前者のみを数学的帰納法を用いて示す. $k = 1, 2, \ldots, r$ に対して,

$$x^k = x - \sum_{i=1}^{k}(\chi_{u_i} - \chi_{v_i})$$

とおく. $k = 1$ のときは仮定から明らかに $x^1 \in B$ が成立する. $k \geq 2$ に対して, $x^{k-1} \in B$ と仮定する. $x' = x - \chi_{u_k} + \chi_{v_k} \in B$ とおく. $u_1, v_1, \ldots, u_k, v_k \in \{0\} \cup V$ はすべて異なる元で, $u_k \neq 0$ なので, $u_k \in \text{supp}^+(x^{k-1} - x')$ である. (B♮) より, ある $v \in \{0\} \cup \text{supp}^-(x^{k-1} - x') = \{0, u_1, \ldots, u_{k-1}, v_k\}$ が存在し,

$$x^{k-1} - \chi_{u_k} + \chi_v \in B \quad \text{かつ} \quad x' + \chi_{u_k} - \chi_v \in B$$

となる．仮に $v = u_i$ $(i = 1, 2, \ldots, k-1)$ とすると $x' + \chi_{u_k} - \chi_v = x - \chi_{u_i} + \chi_{v_k} \in B$ となり前提条件に反する．$v = v_k$ であるならば，$x^k = x^{k-1} - \chi_{u_k} + \chi_{v_k} \in B$ となる．最後に $v = 0 \neq v_k$ の場合は矛盾が生じ，$v = v_k$ でなければならないことを示す．$\hat{x}^{[1,k-1]} = x^{k-1} - \chi_{u_k} \in B$ とおく．$k \geq 2$ より，$u_1 \in \mathrm{supp}^+(x - \hat{x}^{[1,k-1]})$ であるから，(B♮) より，ある $v' \in \{0\} \cup \mathrm{supp}^-(x - x^{[1,k-1]}) = \{0, v_1, \ldots, v_{k-1}\}$ が存在し，

$$\hat{x}^{[1,k-1]} + \chi_{u_1} - \chi_{v'} \in B \quad \text{かつ} \quad x - \chi_{u_1} + \chi_{v'} \in B$$

となる．$v' = 0$ または $v' = v_j$ $(j = 2, \ldots, k-1)$ とすると $x - \chi_{u_1} \in B$ または $x - \chi_{u_1} + \chi_{v_j} \in B$ となり，前提条件に矛盾する．すなわち，$v' = v_1$ でなければならず，このとき

$$\hat{x}^{[2,k-1]} := \hat{x}^{[1,k-1]} + \chi_{u_1} - \chi_{v_1} = x - \sum_{j=2}^{k-1}(\chi_{u_j} - \chi_{v_j}) - \chi_{u_k} \in B$$

となる．$2 \leq i \leq k-1$ について，$x, \hat{x}^{[i,k-1]}, u_i$ に対して上記と同様の操作を繰り返すと $x^{[i+1,k-1]} := x^{[i,k-1]} + \chi_{u_i} - \chi_{v_i} \in B$ が示せる．$i = k-1$ のとき，$x^{[k,k-1]} := x - \chi_{u_k} \in B$ となるが，これは $v_k \neq 0$ なので前提条件に矛盾する．以上より $v = v_k$ でなければならず，最終的に $x^r \in B$ となる． □

2.5 　M凹関数の実効定義域の大きさの計算

与えられたM凹関数 $f : \mathbf{Z}^V \to \mathbf{R} \cup \{-\infty\}$ に対して，$\mathrm{dom} f$ は有界[*8)] であると仮定する．このとき，

$$\mathrm{diam}(f) = \max\{|x(u) - y(u)| \mid u \in V, \; x, y \in \mathrm{dom} f\} \tag{2.13}$$

で定義される整数値 $\mathrm{diam}(f)$ が定まる．$\mathrm{diam}(f)$ は $\mathrm{dom} f$ の大きさの指標であり，$\mathrm{diam}(f)$ を $\mathrm{dom} f$ の直径とよぶことにする．第2.6節で紹介するM♮凹関数最大化アルゴリズムでは，陽に $\mathrm{diam}(f)$ の値を必要とする．そのため，$\mathrm{diam}(f)$

[*8)] 集合 $S \subset \mathbf{R}^V$ に対して，ある定数 c が存在し，$\mathbf{R}^V$ で定義された距離に関して，S の任意の元と原点との距離が c 以下であるとき，S は有界であるという．

の計算法をまずは紹介しよう．

以降では，$\mathrm{dom} f$ の 1 点 x_0 が既知であることを仮定し，表記を簡単にするために $n = |V|$ (V の元の数) とする．また，任意の $x \in \mathbf{Z}^V$ に対して $f(x)$ を高々 F 時間で計算できると仮定する．

任意の $x \in \mathrm{dom} f$ と $u, v \in V$ に対して，その**交換容量**とよばれる値を

$$\tilde{c}_f(x, v, u) = \max\{\alpha \mid x + \alpha(\chi_v - \chi_u) \in \mathrm{dom} f\} \tag{2.14}$$

と定義する．$\mathrm{diam}(f)$ と交換容量の定義より，$0 \leq \tilde{c}_f(x, v, u) \leq \mathrm{diam}(f)$ が成立するので，$\tilde{c}_f(x, v, u)$ は 2 分探索

① $x + (t-1)(\chi_v - \chi_u) \in \mathrm{dom} f$ かつ $x + (2t-1)(\chi_v - \chi_u) \notin \mathrm{dom} f$ である $t \in \mathbf{Z}$ を $t := 1$ から始めて t を倍々にしながら求める

② 区間を $[a, b] := [t-1, 2t-2]$ と初期化し，$a = b$ となるまで $c := \lceil (b-a)/2 \rceil$ に対し[*9]，$x + c(\chi_v - \chi_u) \in \mathrm{dom} f$ ならば $[a, b] := [c, b]$ とし，それ以外は $[a, b] := [a, c-1]$ とすることを繰り返す

を用いることで $O(F \log_2 \mathrm{diam}(f))$ 時間[*10]で計算できる．なぜならば，② の反復ごとに $\tilde{c}_f(x, v, u) \in [a, b]$ である区間 $[a, b]$ の幅は半分以下になる．さらに，それぞれの $w \in V$ に対して，

$$l_f(w) = \min\{x(w) \mid x \in \mathrm{dom} f\}, \quad u_f(w) = \max\{x(w) \mid x \in \mathrm{dom} f\}$$

と定義すると，$l_f(w)$ と $u_f(w)$ は次の手続きで $O(Fn \log_2 \mathrm{diam}(f))$ 時間で計算できる．この手続きの正当性は，f が (M) を満たすことによる (藤重[27] 参照)．

◇ CALCULATE_BOUND(f, x, w) ─────────────────────
入　力　　$f : \mathrm{M}$ 凹関数，$x \in \mathrm{dom} f$，$w \in V$;
出　力　　$(l_f(w), u_f(w))$;
Step 1　$V \setminus \{w\}$ を $\{v_2, \ldots, v_n\}$ と順番付ける ;
Step 2　$y := z := x$;

[*9] $\lceil (b-a)/2 \rceil$ は $(b-a)/2$ 以上の最小整数で，この場合は $(b-a)/2$ の小数点以下を切り上げた整数.

[*10] $F \log_2 \mathrm{diam}(f)$ に比例した (比例定数は個々の M 凹関数には依存しない) 回数の基本演算 (四則演算, 値の比較, 代入) で終了することを意味する. 計算量の詳しいことについては，アルゴリズムに関する図書[4, 47] などを参照されたい.

Step 3　for $i := 2$ to n do{
　　　　　$y := y + \tilde{c}(y, v_i, w)$;
　　　　　$z := z + \tilde{c}(z, w, v_i)$;
　　　　};
Step 4　return $(y(w), z(w))$.

それぞれの $w \in V$ に対して，CALCULATE_BOUND(f, x_0, w) を実行し，$(l_f(w), u_f(w))$ を計算し，$\mathrm{diam}(f) = \max_{w \in V}\{u_f(w) - l_f(w)\}$ とすることで，$\mathrm{diam}(f)$ を $O(Fn^2 \log_2 \mathrm{diam}(f))$ 時間で計算できる．

2.6　M♮凹関数最大化アルゴリズム

与えられた M♮凹関数 $f : \mathbf{Z}^V \to \mathbf{R} \cup \{-\infty\}$ に対して，最大解の 1 つを求めるアルゴリズムを紹介する．ここでは，以下の前提条件をおく．

① f は M 凹関数である
② $\mathrm{dom} f$ は有界でかつ，初期点 $x_0 \in \mathrm{dom} f$ が与えられている
③ 任意の $x \in \mathbf{Z}^V$ の関数値 $f(x)$ は高々 F 時間で計算できる

第 1 の前提については，以下のように一般性を失わない．M♮凹関数 f に対して，(2.10) で定義される M 凹関数 $\hat{f} : \mathbf{Z}^{\{0\} \cup V} \to \mathbf{R} \cup \{-\infty\}$ を考える．このとき，$\hat{f}$ の最大解 (x_0^*, x^*) に対して，x^* は f の最大解であるので，最大化する関数を M 凹関数としても問題ない．第 2 の前提については，以降の応用では $\mathrm{dom} f$ の有界性と $\mathbf{0} \in \mathrm{dom} f$ を仮定して議論するため問題ない．第 3 の前提はアルゴリズムの計算量を評価するためのもので，個別の M♮凹関数に対しては関数値の評価にかかる時間を F に代入すれば全体の計算量を算定できる．また，M♮凹関数 f の関数値が $O(F)$ 時間で計算できれば，(2.10) で定義される M 凹関数 $\hat{f}$ の関数値は $O(F + n)$ 時間で計算できる．一般の場合は，$x_0 = -x(V)$ の判定に余分な $O(n)$ 時間を要してしまうが，以下のアルゴリズムではこの判定が不要なため，$\hat{f}$ の関数値も $O(F)$ 時間で計算できることを注記しておく．

以降では，与えられた M 凹関数 $f : \mathbf{Z}^V \to \mathbf{R} \cup \{-\infty\}$ に対して，$n = |V|$，$L = \mathrm{diam}(f)$ と表記する．ここで紹介するアルゴリズムは，スケーリング技法

を用いたもので，$O(Fn^3 \log_2 L)$ という計算量をもつ．

スケーリング技法とは，正整数 α に対して，次のように定義する関数 f_α

$$f_\alpha(x) = f(x_0 + \alpha x) \qquad (x \in \mathbf{Z}^V)$$

を考え，十分大きな α からスタートし，α をだんだん小さくしながら，f_α の最大解あるいはその近似解を生成し，最終的には f_1 の最大解，すなわち f の最大解を求めるというものである[*11]．しかし M 凹関数をスケーリングした f_α は一般に M 凹関数とはならないため，定理 2.3 も直接利用できず，それほど単純ではない．次の M 凹関数の性質を利用してスケーリング技法を導入する (以下の定理では $\mathrm{dom}f$ の有界性は必要ない)．

定理 2.7[*12] M 凹関数 $f : \mathbf{Z}^V \to \mathbf{R} \cup \{-\infty\}$ に対し，$\arg\max f \neq \emptyset$ とする．$x \in \mathrm{dom}f, v \in V$，整数 $\alpha > 0$ に対して，$u \in V$ が

$$f(x - \alpha(\chi_v - \chi_u)) = \max_{w \in V} f(x - \alpha(\chi_v - \chi_w))$$

を満たすとする．このとき，

$$x^*(u) \geq x(u) - \alpha(\chi_v(u) - 1) - (n-1)(\alpha - 1)$$

を満たす $x^* \in \arg\max f$ が存在する．

[証明]　一般性を失うことなく，$\arg\max f$ の中で $x^*(u)$ が最大となる $x^* \in \arg\max f$ が存在する場合を考慮すればよい．$\hat{x} = x - \alpha(\chi_v - \chi_u)$ とおき，$\hat{x}(u) > x^*(u)$ であると仮定する ($\hat{x}(u) \leq x^*(u)$ である場合はすでに主張が成立している)．以降では，$k = \hat{x}(u) - x^*(u)$ とする．

　主張 **A**:　V の元の列 $w_1, w_2, \ldots, w_k \in V \setminus \{u\}$ と点列 $y_0(=\hat{x}), y_1, \ldots, y_k \in \mathrm{dom}f$ が存在し，$i = 1, 2, \ldots, k$ に対して $y_i = y_{i-1} - \chi_u + \chi_{w_i}$ かつ $f(y_i) > f(y_{i-1})$ となる．

[*11]　例えば，森口-室田-塩浦[51] は，M 凹関数 f がスケーリング可能な場合に，すなわち任意の正整数 α に対し f_α が M 凹関数となる場合に，f_α の最大解を生成するというスケーリング技法を用いた計算量 $O(Fn^3 \log_2 L)$ というアルゴリズムを提案している．

[*12]　元々は M 凸関数に対して田村[86] により示された．

2.6 M♮凹関数最大化アルゴリズム

［主張 A の証明］ $y_0 = \hat{x} \in \mathrm{dom} f$ と $k = y_0(u) - x^*(u)$ を考慮し，それぞれの $i = 1, 2, \ldots, k$ に対し $y_{i-1} \in \mathrm{dom} f$ とする．(M) より，$y_{i-1}, x^*, u \in \mathrm{supp}^+(y_{i-1} - x^*)$ に対して，$w_i \in \mathrm{supp}^-(y_{i-1} - x^*) \subseteq V \setminus \{u\}$ が存在し

$$f(x^*) + f(y_{i-1}) \leq f(x^* + \chi_u - \chi_{w_i}) + f(y_{i-1} - \chi_u + \chi_{w_i})$$

となる．$x^*(u)$ の $\arg\max f$ での最大性より $f(x^*) > f(x^* + \chi_u - \chi_{w_i})$ となるので，上の不等式より $f(y_{i-1}) < f(y_{i-1} - \chi_u + \chi_{w_i}) = f(y_i)$ を得る．

主張 B： $y_k(w) > \hat{x}(w)$ を満たす $w \in V \setminus \{u\}$ と $0 \leq \beta \leq y_k(w) - \hat{x}(w) - 1$ を満たす $\beta \in \mathbf{Z}$ に対して，$f(\hat{x} - (\beta+1)(\chi_u - \chi_w)) > f(\hat{x} - \beta(\chi_u - \chi_w))$ が成り立つ．

［主張 B の証明］ β に関する数学的帰納法で証明する．$0 \leq \beta \leq y_k(w) - \hat{x}(w) - 1$ を満たす β に対して，$x' = \hat{x} - \beta(\chi_u - \chi_w)$ とおき，$x' \in \mathrm{dom} f$ を仮定する（$\beta = 0$ のときは，$x' = \hat{x} \in \mathrm{dom} f$ となる）．j^* $(1 \leq j^* \leq k)$ を $w_{j^*} = w$ である最大の添字とする．$y_{j^*}(w) = y_k(w) > x'(w)$ かつ $\mathrm{supp}^-(y_{j^*} - x') = \{u\}$ であることより，(M) を用いて，

$$f(x') + f(y_{j^*}) \leq f(x' - \chi_u + \chi_w) + f(y_{j^*} + \chi_u - \chi_w)$$

を得る．主張 A より $f(y_{j^*-1}) = f(y_{j^*} + \chi_u - \chi_w) < f(y_{j^*})$ が成り立つので，上の不等式から $f(x') < f(x' - \chi_u + \chi_w)$ を得る．これより主張 B が示された．

最後に本定理の証明を与える．$w \in V \setminus \{u\}$ に対して，$\mu_w = y_k(w) - \hat{x}(w)$ とする．定理の仮定と主張 B より，$\mu_w > 0$ である w に対して，

$$f(\hat{x} - \mu_w(\chi_u - \chi_w)) > \cdots > f(\hat{x} - (\chi_u - \chi_w)) > f(\hat{x}) \geq f(\hat{x} - \alpha(\chi_u - \chi_w))$$

が成立する（$\hat{x} - \alpha(\chi_u - \chi_w) = x - \alpha(\chi_v - \chi_w)$ であることに注意）．上の関係より，$\mu_w \leq \alpha - 1$ でなければならない．すなわち，$\hat{x}(V) = y_k(V)$ を考慮すると

$$\hat{x}(u) - x^*(u) = \hat{x}(u) - y_k(u) = \sum_{w \in V \setminus \{u\}} \{y_k(w) - \hat{x}(w)\} \leq (n-1)(\alpha - 1)$$

となり，主張が証明された． □

準備が整ったので M 凹関数最大化アルゴリズム SCALING を紹介しよう．SCALING は，塩浦[78] が提案した M 凸関数最小化アルゴリズムを M 凹関数最大化用に書き直したものである．SCALING では，$x, l \in \mathbf{Z}^V$ という 2 つのベクトルを

$$x \in U(l) \cap \mathrm{dom} f, \qquad U(l) \cap \arg\max f \neq \varnothing \tag{2.15}$$

(ただし $U(l) = \{y \in \mathbf{Z}^V \mid y \geq l\}$) を満たすように更新し，最終的に $x = l$ を目指す．任意の $y \in \mathrm{dom} f$ について $y(V)$ が一定であることより，$x = l$ が達成された時点で $U(l) \cap \arg\max f = \{x\}$ となり，最大解が求まったことになる．(2.15) を満たす初期の x, l として

$$x := x_0, \qquad l := x_0 - L\mathbf{1} \tag{2.16}$$

と定めれば十分である．前節より，l は $O(Fn^2 \log_2 L)$ 時間で計算できる．(2.15) では $U(l)$ を用いて実効定義域を縮小しているが，これを関数に反映させ

$$f_l(y) = \begin{cases} f(y) & (y \geq l) \\ -\infty & (その他) \end{cases} \qquad (y \in \mathbf{Z}^V) \tag{2.17}$$

と定義される f_l を考える．(2.15) より $\mathrm{dom} f_l \neq \varnothing$ であり，定理 2.2 の③と同様に f_l は (M) を満たす．すなわち，f_l は M 凹関数となる．さらに (2.15) は

$$x \in \mathrm{dom} f_l, \qquad (\varnothing \neq) \arg\max f_l \subseteq \arg\max f \tag{2.18}$$

と書き換えられる．

アルゴリズム SCALING の核となるのは，次の手続き SCALED_GREEDY で，固定したスケーリングパラメータ $\alpha > 0$ と (2.18) を満たす x, l を入力として，(2.18) を保存したまま

$$x(w) - l(w) \leq (n-1)(\alpha - 1) \qquad (w \in V) \tag{2.19}$$

を満たすように x, l を更新する．SCALED_GREEDY の方針は，(2.19) の成立が確定していない V の元全体を W (初期値は $W := V$) として管理し，W の元 v を選び $x(v)$ を α だけ減らす方向に x を移動させ，(2.19) の成立する元を増やすことを目指す．この際，W から抜けたものは (2.19) の条件を壊さない

ことが，定理 2.7 により保証される．また $\alpha = 1$ の場合には，(2.18) と (2.19) より $x = l$ となるため，x は f の最大解となる．

◇ SCALED_GREEDY(α, x, l)――――――――――――――――――

入　力　　α : 正整数，x, l : (2.18) を満たすベクトル；
出　力　　(x, l) : (2.18) と (2.19) を満たすベクトルの組；
Step 1　$W := V$；
Step 2　if $W = \emptyset$ then return (x, l)；
Step 3　$v \in W$ を選ぶ；
Step 4　$f_l(x - \alpha(\chi_v - \chi_u)) = \max_{w \in V} f_l(x - \alpha(\chi_v - \chi_w))$ を満たす $u \in V$ を求める；
Step 5　$x := x - \alpha(\chi_v - \chi_u)$，$l(u) := \max\{l(u), x(u) - (n-1)(\alpha-1)\}$，$W := W \setminus \{u\}$，　go to Step 2.

――――――――――――――――――――――――――――――

補題 2.8　正整数 α と (2.18) を満たす x, l に対して以下が成立する．

① SCALED_GREEDY(α, x, l) の出力 $(\hat{x}, \hat{l})$ は，(2.18) と (2.19) を満たす
② SCALED_GREEDY(α, x, l) の実行時間は $O\bigl(Fn \sum_{w \in V}(x(w) - l(w))/\alpha\bigr)$

[証明]　① 毎回の反復で (2.18) が保存されることを示す．Step 5 の x, l の更新において，更新後のものを x', l' とおく．Step 4 の u の定義より，$f_l(x') \geq f_l(x)$ であるから，$x' \in \text{dom} f_l$ となる．さらに $l'(u) = \max\{l(u), x'(u) - (n-1)(\alpha-1)\}$ と $x'(u) \geq x(u) \geq l(u)$ より $x'(u) \geq l'(u)$ を得る．これより $x' \in \text{dom} f_{l'}$ となる．一方，M 凹関数 f_l に関する定理 2.7 より，$x^*(u) \geq l'(u)$ を満たす $x^* \in \arg\max f_l \subseteq \arg\max f$ が存在する．すなわち，$x^* \in \arg\max f_{l'}$ となり，(2.18) の後半も成立する．

Step 5 の x の更新において，増加するのは $x(u)$ のみである．しかし，u 成分については $l'(u) \geq x'(u) - (n-1)(\alpha-1)$ が成立するので，(2.19) の条件を壊さない．すなわち，$V \setminus W$ の元は (2.19) の条件を満たし続けるので SCALED_GREEDY が終了したとき，(2.19) が成立する．

② SCALED_GREEDY 中で l の成分は非減少であり，Step 3 で選ばれた $v \in W$ に対して，v は W から抜ける ($u = v$ のとき) かあるいは $x(v)$ が α だけ減

少する．すなわち，v が W から抜けるまでには，入力の x, l に関して高々 $\lceil (x(v) - l(v))/\alpha \rceil$ 回しか Step 4 と Step 5 は実行されない．したがって総反復数は $O(\sum_{w \in V} (x(w) - l(w))/\alpha)$ である．また，Step 2 から Step 5 において，Step 4 が最も時間を要し，f_l も 1 回あたり $O(F)$ 時間で評価できるので反復あたり $O(Fn)$ 時間で実行できる．総合して実行時間は $O\bigl(Fn \sum_{w \in V} (x(w) - l(w))/\alpha\bigr)$ となる． □

M 凹関数最大化アルゴリズム SCALING では，スケーリングパラメータの初期値を $\alpha = 2^{\lceil \log_2(L/2n) \rceil}$ と定め，α を半減させながら SCALED_GREEDY を繰り返し実行する．

◇ SCALING(f, x_0) ─────────────────────────
入 力　　f : M 凹関数，$x_0 \in \mathrm{dom} f$;
出 力　　$x \in \arg\max f$;
Step 1　$L := \mathrm{diam}(f),\ x := x_0,\ l := x_0 - L\mathbf{1},\ \alpha := 2^{\lceil \log_2(L/2n) \rceil}$;
Step 2　while $\alpha \geq 1$ do {
　　　　　　$(x, l) := $ SCALED_GREEDY(α, x, l) ;
　　　　　　$\alpha := \alpha/2$;
　　　　　　};
Step 3　output x.
──────────────────────────────────────

定理 2.9 M 凹関数 $f : \mathbf{Z}^V \to \mathbf{R} \cup \{-\infty\}$ と $x_0 \in \mathrm{dom} f$ に対して，SCALING(f, x_0) は $O(Fn^3 \log_2 L)$ 時間で f の最大解を求める．

[証明]　Step 2 の最後の反復（$\alpha = 1$ のとき）において，補題 2.8 の ① より，SCALING の出力する x は f の最大解となる．

計算量については，Step 1 は L の計算が主たる部分で前節の議論より $O(Fn^2 \log_2 L)$ 時間で終了する．Step 2 では，$O(\log_2 L)$ 回の SCALED_GREEDY が実行され，それぞれの反復での SCALED_GREEDY の計算量が問題となる．Step 2 の最初の反復の直前においては，それぞれの $w \in V$ に対して

$$(x(w) - l(w))/\alpha = L/2^{\lceil \log_2(L/2n) \rceil} \leq L/(L/2n) = 2n$$

が成立している．一方，Step 2 のそれぞれの反復の SCALED_GREEDY 終了直後には (2.19) が成立していて，次に α は半分になるので，やはり $(x(w) - l(w))/\alpha \leq 2n$ が次回の SCALED_GREEDY の開始前に成立している．この事実と補題 2.8 の ② より，それぞれの反復における SCALED_GREEDY の計算量は $O(Fn^3)$ となる．したがって，全体として $O(Fn^3 \log_2 L)$ を得る． □

M凹関数最大化アルゴリズムについては，上記以外にも $O(Fn^3 \log_2 L)$ 時間アルゴリズム[86]，$O\bigl(F(n^3 + n^2 \log_2 L)(\log_2 L)/(\log_2 n)\bigr)$ 時間アルゴリズム[78]や連続緩和を用いたアルゴリズム[52]が提案されている．

2.7 M♮凹関数の和の最大化

2つの M♮凹関数の和は一般に M♮凹とは限らない[*13]．このため，2つの M♮凹関数の和の最大解を特徴付けるためにはより洗練された条件が必要となる[*14]．また，2つの M♮凹関数の和を最大化する問題を **M♮凹交わり問題** とよぶが，これは M♮凹関数最大化問題よりも難易度が高い．整数値をとる M♮凹関数に対して，M♮凹交わり問題に対する多項式時間アルゴリズム[39, 40]が知られているが，これらのアルゴリズムは高度な技法を用いているため詳細にはふれない．本節では，2つの M♮凹関数の和の最大解の特徴付けとその構成的な証明を与えることで，M♮凹交わり問題に対する解法のアイデアを紹介する．

定理 2.10 (M♮凹交わり定理)[*15] M♮凹関数 $f_1, f_2 : \mathbf{Z}^V \to \mathbf{R} \cup \{-\infty\}$ と点 $x^* \in \mathrm{dom} f_1 \cap \mathrm{dom} f_2$ に対して，$x^* \in \arg\max(f_1 + f_2)$ である必要十分条件はある $p^* \in \mathbf{R}^V$ が存在し，$x^* \in \arg\max(f_1 + p^*)$ と $x^* \in \arg\max(f_2 - p^*)$ を満たすことである．さらに，この p^* に対して，

[*13] 2つの M♮凸集合の交わりが M♮凸集合にならない例を示せば十分である．室田[59]の Note 4.25 からその例を借りる．$S = \{(0,0,0), (1,0,0), (0,1,0), (0,0,1), (1,0,1)\}$, $B_1 = S \cup \{(1,1,0)\}$, $B_2 = S \cup \{(0,1,1)\}$ とする．B_1 と B_2 は M♮凸集合となる．しかし，S では $x = (1,0,1)$, $y = (0,1,0)$, $u = 1$ に対して (B♮) が成立しない．

[*14] 3 個以上の M♮凹関数の和の最大化は難しい問題となることが知られている．例えば，難しい問題としてよく知られた巡回セールスマン問題を，例 2.4 で紹介したマトロイドの独立集合族から得られる M♮凹関数 3 個の和の最大化問題として記述できる．

[*15] 元々は M 凸関数に対して室田[54]により示され，M♮凸関数へと拡張された．

$$\arg\max(f_1 + f_2) = \arg\max(f_1 + p^*) \cap \arg\max(f_2 - p^*) \qquad (2.20)$$

が成立する．また，f_1, f_2 が整数値をとるならば，p^* も整数ベクトルとできる．

Danilov–Koshevoy–Murota[12] では，離散凸解析の枠組みを用いた Arrow–Debreu 型のモデルを提案し，不可分財からなる交換経済において，それぞれの経済主体の評価関数が貨幣に関して準線形な単調非減少 $M^\natural$ 凹関数として表せるならば，競争均衡が存在するという結果を導いている．この結果は定理 2.10 の応用であり，簡単に説明すると以下のようになる．定理 2.10 において，f_1 が生産者の財の生産量に関する利得を貨幣価値に換算した評価関数で，f_2 が消費者の財の消費量に関する利得を貨幣価値に換算した評価関数であると仮定する．このとき，(2.20) の右辺は，財の価格ベクトル p^* に対する生産者の正味の利得 $(f_1 + p^*)$ を最適とする財の生産量と消費者の正味の利得 $(f_2 - p^*)$ を最適とする財の消費量が一致する集合を意味している．定理 2.10 はこの集合が $(f_1 + f_2)$ の最大解集合と一致することを主張し，$\mathrm{dom} f_1$ と $\mathrm{dom} f_2$ がともに有界で交わりが非空ならば $\arg\max(f_1 + f_2)$ も非空であるから，この生産者と消費者からなる市場に均衡が存在する．

話を定理 2.10 の証明に戻そう．この定理に対しては，負閉路消去法を用いた構成的な証明と離散分離定理を用いた証明も知られているが[59]，本節では逐次最短路法に基づく構成的は証明[60] を紹介する．この構成的証明法は，第 5.4 節で応用される．

まず，$x^\circ \in \arg\max(f_1 + p^*)$ と $x^\circ \in \arg\max(f_2 - p^*)$ を満たす x° と p^* が存在したとき，$x^\circ \in \arg\max(f_1 + f_2)$ となる．なぜならば，任意の $x \in \mathbf{Z}^V$ に対して，

$$\begin{aligned} f_1(x^\circ) + f_2(x^\circ) &= (f_1 + p^*)(x^\circ) + (f_2 - p^*)(x^\circ) \\ &\geq (f_1 + p^*)(x) + (f_2 - p^*)(x) = f_1(x) + f_2(x) \end{aligned}$$

が成立するからである．また，上記不等式を利用すると任意の $p \in \mathbf{R}^V$ に対して

$$\arg\max(f_1 + f_2) \supseteq \arg\max(f_1 + p) \cap \arg\max(f_2 - p)$$

が成立する．さらに，$x^\circ \in \arg\max(f_1 + p^*)$ かつ $x^\circ \in \arg\max(f_2 - p^*)$ を満たす x° と p^* が存在したとき，任意の $x^* \in \arg\max(f_1 + f_2)$ に対して，$x^* \in \arg\max(f_1 + p^*)$ かつ $x^* \in \arg\max(f_2 - p^*)$，すなわち

$$\arg\max(f_1 + f_2) \subseteq \arg\max(f_1 + p) \cap \arg\max(f_2 - p)$$

が成立する．なぜならば，$x^\circ \in \arg\max(f_1 + p^*)$ と $x^\circ \in \arg\max(f_2 - p^*)$ より，

$$(f_1 + p^*)(x^\circ) \geq (f_1 + p^*)(x^*), \qquad (f_2 - p^*)(x^\circ) \geq (f_2 - p^*)(x^*) \quad (2.21)$$

であるが，この 2 つの不等式より

$$\begin{aligned} f_1(x^\circ) + f_2(x^\circ) &= (f_1 + p^*)(x^\circ) + (f_2 - p^*)(x^\circ) \\ &\geq (f_1 + p^*)(x^*) + (f_2 - p^*)(x^*) = f_1(x^*) + f_2(x^*) \end{aligned}$$

が得られ，$x^* \in \arg\max(f_1 + f_2)$ より (2.21) はともに等号で成立しなければならないからである．以上の議論と第 2.1 節での M 凹関数と M♮凹関数の関係より，定理 2.10 を示すには，M 凹関数に関する次の補題を証明すれば十分である．

補題 2.11 $\arg\max(f_1 + f_2) \neq \emptyset$ であるような 2 つの M 凹関数 $f_1, f_2 : \mathbf{Z}^V \to \mathbf{R} \cup \{-\infty\}$ に対して，$x^\circ \in \arg\max(f_1 + p^*)$ かつ $x^\circ \in \arg\max(f_2 - p^*)$ を満たす x° と p^* が存在する．特に f_1, f_2 が整数値をとる場合は p^* を整数ベクトルとできる．

$\arg\max(f_1 + f_2) \neq \emptyset$ の仮定から，適当に $a, b \in \mathbf{Z}^V$ を選んで十分大きな閉区間 $[a, b] = \{x \in \mathbf{Z}^V \mid a \leq x \leq b\}$ が $(f_1 + f_2)$ の 1 つの最大解を含むようにできる．定理 2.2 の ③ のより，f_1, f_2 を $[a, b]$ に制限してもよい．これにより，f_1 と f_2 の最大解がそれぞれ存在するという前提で議論を進めることができる．初期段階において，$p^* = \mathbf{0}$ とし，$x_1 \in \arg\max f_1 = \arg\max(f_1 + p^*)$ と $x_2 \in \arg\max f_2 = \arg\max(f_2 - p^*)$ を満たす x_1 と x_2 を求めておく．以降の操作では，

$$x_1 \in \arg\max(f_1 + p^*), \qquad x_2 \in \arg\max(f_2 - p^*) \quad (2.22)$$

を保存したまま x_1, x_2, p^* を更新し, $x_1 = x_2$ を目指す. 特に, f_1, f_2 が整数値をとるとき, 整数性を保存するように p^* を更新する. (2.22) より, $x_1 = x_2$ となった時点で $x^\circ = x_1$ と p^* は, 補題 2.11 の性質を満たし, 証明が完了する.

(2.22) を満たす x_1, x_2, p^* に対して, 有向グラフ $G = (V, A)$ とそれぞれの弧 $a \in A$ の長さ $\ell(a)$ を以下のように定義する. A は次の

$$A_1 := \{(u,v) \mid u, v \in V,\ u \neq v,\ x_1 - \chi_u + \chi_v \in \mathrm{dom} f_1\}$$
$$A_2 := \{(u,v) \mid u, v \in V,\ u \neq v,\ x_2 + \chi_u - \chi_v \in \mathrm{dom} f_2\}$$

の和集合とし, $\ell \in \mathbf{R}^A$ を

$$\ell(a) := \begin{cases} (f_1 + p^*)(x_1) - (f_1 + p^*)(x_1 - \chi_u + \chi_v) & (a = (u,v) \in A_1) \\ (f_2 - p^*)(x_2) - (f_2 - p^*)(x_2 + \chi_u - \chi_v) & (a = (u,v) \in A_2) \end{cases}$$

と定める. $x_1 \in \arg\max(f_1 + p^*)$ かつ $x_2 \in \arg\max(f_2 - p^*)$ であるので, 定理 2.3 よりすべての $a \in A$ に対して $\ell(a) \geq 0$ となる.

$S = \mathrm{supp}^+(x_1 - x_2)$ とし, $T = \mathrm{supp}^-(x_1 - x_2)$ とすると, $\varnothing \neq \arg\max(f_1 + f_2) \subseteq \mathrm{dom} f_1 \cap \mathrm{dom} f_2$ なので, 本節最後の補題 2.12 より G には S から T への有向道が存在する. S からそれぞれの頂点への弧長 ℓ に関する最短距離を表す関数を $d: V \to \mathbf{R} \cup \{+\infty\}$ とする (S から到達不可能な頂点 v については $d(v) = +\infty$ とする). このとき,

$$\ell(u,v) + d(u) - d(v) \geq 0 \qquad ((u,v) \in A)$$

が成立している[*16]. ここで, $\alpha = \min\{d(v) \mid v \in T\} < +\infty$ と定め, $p \in \mathbf{R}^V$ を

$$p(v) := \min\{d(v), \alpha\} \qquad (v \in V)$$

と定義する. このとき, 任意の $(u,v) \in A$ に対して, $p(u) = d(u)$ ならば

$$\ell(u,v) + p(u) - p(v) = \ell(u,v) + d(u) - p(v) \geq \ell(u,v) + d(u) - d(v) \geq 0$$

であり, $p(u) = \alpha$ ならば

[*16] $\ell(u,v) + d(u)$ は S から u への最短路と弧 (u,v) を経由し v に至る有向道の長さであり, これはもちろん v への最短路長 $d(v)$ 以上である.

$$\ell(u,v) + p(u) - p(v) = \ell(u,v) + \alpha - p(v) \geq \ell(u,v) \geq 0$$

である.どちらの場合も $\ell(u,v) + p(u) - p(v) \geq 0$ を得るが,弧長 ℓ の定義より,この不等式は次の条件と同値となる.

$$\begin{aligned} (f_1{+}p^*{+}p)(x_1) - (f_1{+}p^*{+}p)(x_1 - \chi_u + \chi_v) \geq 0 \\ (f_2{-}p^*{-}p)(x_2) - (f_2{-}p^*{-}p)(x_2 + \chi_u - \chi_v) \geq 0 \end{aligned} \qquad (u,v \in V)$$

さらにこの条件は,定理 2.3 より

$$x_1 \in \arg\max(f_1{+}p^*{+}p), \qquad x_2 \in \arg\max(f_2{-}p^*{-}p)$$

と同値であり,p^* を $p^*{+}p$ と変更しても x_1 と x_2 の最適性は保存される.ここで,

$$\ell_p(u,v) := \ell(u,v) + p(u) - p(v) \qquad ((u,v) \in A)$$

と定義すると,ℓ_p は x_1, x_2, $p^* + p$ に対して定めたグラフの弧長になっている.また p の定義より,S から T への ℓ_p に関する最短路上の任意の弧 a において $\ell_p(a) = 0$ となり,S から T への ℓ_p に関する長さ 0 の有向道は最短路となる.ここで,S から T への ℓ_p に関する最短路でさらに弧数が最小のものを **P** とする.**P** 上の弧 a に対して,$\ell_p(a) = 0$ より,

$$\begin{aligned} x_1 - \chi_u + \chi_v \in \arg\max(f_1{+}p^*{+}p) & \qquad ((u,v) \in \mathbf{P} \cap A_1) \\ x_2 + \chi_u - \chi_v \in \arg\max(f_2{-}p^*{-}p) & \qquad ((u,v) \in \mathbf{P} \cap A_2) \end{aligned} \qquad (2.23)$$

また,**P** が弧数最小の最短路であることより,**P** において u が w より先に現れ,$(u,w) \notin \mathbf{P}$ であるような任意の u, w に対して,

$$\begin{aligned} x_1 - \chi_u + \chi_w \notin \arg\max(f_1{+}p^*{+}p) \\ x_2 + \chi_u - \chi_w \notin \arg\max(f_2{-}p^*{-}p) \end{aligned} \qquad (2.24)$$

がいえる.さらに,**P** において,A_1 と A_2 の弧が交互に現れる.仮に $(u,v), (v,w) \in A_1$ が **P** 上で連続して現れると,$x = x_1 - \chi_v + \chi_w$, $y = x_1 - \chi_u + \chi_v$, $u \in \mathrm{supp}^+(x-y)$ に対する f_1 の (M) より,$\mathrm{supp}^-(x-y) = \{v\}$ であるから

$$f_1(x_1 - \chi_v + \chi_w) + f_1(x_1 - \chi_u + \chi_v) \leq f_1(x_1 - \chi_u + \chi_w) + f_1(x_1)$$

を得る. これは

$$\ell_p(u,v) + \ell_p(v,w) \geq \ell_p(u,w)$$

を意味し, **P** の弧数最小性に矛盾する. よって,

$$a_1 = (v_1, v_1'), a_2 = (v_2, v_2') \in \mathbf{P} \cap A_1, a_1 \neq a_2 \Rightarrow \{v_1, v_1'\} \cap \{v_2, v_2'\} = \varnothing$$
$$a_1 = (v_1, v_1'), a_2 = (v_2, v_2') \in \mathbf{P} \cap A_2, a_1 \neq a_2 \Rightarrow \{v_1, v_1'\} \cap \{v_2, v_2'\} = \varnothing \quad (2.25)$$

となる. 補題 2.4, 補題 2.5, (2.23), (2.24) および (2.25) より,

$$x_1' := x_1 - \sum_{(u,v) \in \mathbf{P} \cap A_1} (\chi_u - \chi_v) \in \arg\max(f_1 + p^* + p) \quad (2.26)$$

$$x_2' := x_2 + \sum_{(u,v) \in \mathbf{P} \cap A_2} (\chi_u - \chi_v) \in \arg\max(f_2 - p^* - p) \quad (2.27)$$

を得る. すなわち, $x_1', x_2', p^* + p$ に対して, (2.22) が成立する. x_1 から x_1' への更新と x_2 から x_2' への更新について成分の増減をみてみる. **P** の始点と終点をそれぞれ s, t とすると, **P** では図 2.5 のように A_1 と A_2 の弧が交互に現れ, s と t 以外では x_1 と x_2 の成分の増減は同じである. 両端点については, **P** の最初の弧が A_1 ならば $x_1(s)$ が 1 減少し, A_2 ならば $x_2(s)$ が 1 増加する. また **P** の最後の弧が A_1 ならば $x_1(t)$ が 1 増加し, A_2 ならば $x_2(t)$ が 1 減少する (図 2.5 では, $x_1(s)$ が 1 減少し $x_1(t)$ が 1 増加した様子を表している). 以上の考察より,

$$x_1' - x_2' = (x_1 - x_2) - (\chi_s - \chi_t)$$

となる. また $s \in \mathrm{supp}^+(x_1 - x_2)$ と $t \in \mathrm{supp}^-(x_1 - x_2)$ より,

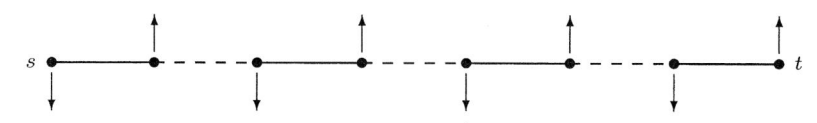

図 **2.5** 最短路 **P** の様子
実線は A_1 の弧, 破線は A_2 の弧を表し, ↑はその頂点に対応した x_1 または/かつ x_2 の成分が 1 増加し, ↓はその頂点に対応した x_1 または/かつ x_2 の成分が 1 減少することを表している.

$$\sum_{v \in V} |x'_1(v) - x'_2(v)| = \sum_{v \in V} |x_1(v) - x_2(v)| - 2$$

となり，上記の操作を有限回実行することで，$x_1 = x_2$ を得る．すなわち，補題 2.11 を満たす x° と p^* を構成できる．特に，f_1, f_2 が整数値をとる場合は，ℓ も整数値となり，d および p も整数値となる．初期状態では $p^* = \mathbf{0}$ より最終的に求まる p^* も整数値である．以上より，補題 2.11 の証明が終了する．

補題 2.12 $\mathrm{dom} f_1 \cap \mathrm{dom} f_2 \neq \emptyset$ ならば，G に $S = \mathrm{supp}^+(x_1 - x_2)$ から $T = \mathrm{supp}^-(x_1 - x_2)$ への有向道が存在する．

[証明] 背理法で証明する．S から T への有向道が存在しないと仮定する．このとき，G において S から有向道をたどって到達可能な頂点の集合を W とする．定義から $S \subseteq W, W \cap T = \emptyset$ である．$i = 1, 2$ に対して，$\rho_i : 2^V \to \mathbf{Z} \cup \{+\infty\}$ を

$$\rho_i(X) = \sup\{z(X) \mid z \in \mathrm{dom} f_i\} \quad (X \subseteq V)$$

と定義する．この定義より，任意の $z \in \mathrm{dom} f_i$ に対して

$$z(X) \leq \rho_i(X) \quad (X \subseteq V)$$

が成り立つ．ただし $z(X) = \sum_{v \in X} z(v)$ である．また，任意の $z \in \mathrm{dom} f_i$ に対して $z(V)$ は f_i に依存した定数であるので，$z(V) = \rho_i(V)$ が成り立つ．このことより，すべての $z \in \mathrm{dom} f_1 \cap \mathrm{dom} f_2$ に対して，

$$\rho_1(V) = z(V) = z(V \setminus X) + z(X) \leq \rho_1(V \setminus X) + \rho_2(X) \quad (X \subseteq V)$$

を得る．特に

$$\rho_1(V) \leq \rho_1(V \setminus W) + \rho_2(W) \tag{2.28}$$

を得る．ここで，次のように定義する M 凹関数 f

$$f(z) = \begin{cases} z(V \setminus W) & (z \in \mathrm{dom} f_1) \\ -\infty & (その他) \end{cases}$$

を考える[*17]．A_1 の弧で W から $V \setminus W$ に向かうものがないので，定理 2.3 より x_1 は M 凹関数 f の最大解となる．すなわち，$x_1(V \setminus W) = \rho_1(V \setminus W)$ を

[*17] $\mathrm{dom} f = \mathrm{dom} f_1$ であり，$\mathrm{dom} f$ 上で f は線形関数であるから M 凹関数となる．

得る．対称的な議論により，$x_2 \in \mathrm{dom} f_2$ と A_2 の弧で W から $V \setminus W$ に向かうものがないことから，$x_2(W) = \rho_2(W)$ を同様に導ける．よって，上記の2つの等式より

$$x_1(V) - (x_1(W) - x_2(W)) = \rho_1(V \setminus W) + \rho_2(W)$$

となるが，これは (2.28) に矛盾する．なぜならば，$\rho_1(V) = x_1(V)$ であり，$S \subseteq W$ かつ $W \cap T = \emptyset$ より $(x_1(W) - x_2(W)) > 0$ となるからである．以上より，G には S から T に至る有向道が存在しなければならない． □

2.8 $\mathrm{M}^{\natural}$ 凹性，粗代替性，単改良性，代替性の関係

本節では，数理経済学で扱われる性質と $\mathrm{M}^{\natural}$ 凹関数の関係を紹介する．

数理経済学では，効用関数は一般的に凹関数であると仮定する．離散的な関数に対しては，凹拡張可能性がこれに対応するであろう．関数 $f: \mathbf{Z}^V \to \mathbf{R} \cup \{-\infty\}$ に対して，その凹閉包 $\underline{f}$ を

$$\underline{f}(z) = \inf_{p \in \mathbf{R}^V, \alpha \in \mathbf{R}} \{\langle p, z \rangle + \alpha \mid \langle p, y \rangle + \alpha \geq f(y) \quad (y \in \mathbf{Z}^V)\} \quad (z \in \mathbf{R}^V)$$

と定義する．凹閉包の直感的な理解は，離散的な凹関数を上から包み込むような連続的な凹関数である．関数 f がすべての $x \in \mathbf{Z}^V$ に対して $f(x) = \underline{f}(x)$ を満たすとき，f は凹拡張可能とよばれる．$\mathrm{M}^{\natural}$ 凹関数は凹拡張可能である．

補題 2.13[18]　$\mathrm{M}^{\natural}$ 凹関数は凹拡張可能である．

効用関数は一般的に限界効用が逓減すると仮定するが，離散の場合にはこれは劣モジュラ性に対応する．$\mathrm{M}^{\natural}$ 凹関数は劣モジュラ性をもつ．

補題 2.14[19]　$\mathrm{M}^{\natural}$ 凹関数 f は劣モジュラである，すなわち，

$$f(x) + f(y) \geq f(x \vee y) + f(x \wedge y) \quad (x, y \in \mathrm{dom} f)$$

を満たす．ここで，ベクトル $x \vee y$ と $x \wedge y$ は

---

[18] 室田[54] により，M 凸関数に対して示された．
[19] 室田–塩浦[64] により $\mathrm{M}^{\natural}$ 凸関数に対して示された．

$$(x \vee y)(v) = \max\{x(v), y(v)\}$$
$$(x \wedge y)(v) = \min\{x(v), y(v)\} \qquad (v \in V) \qquad (2.29)$$

と定義される.

[証明] $x \vee y$ か $x \wedge y$ が $\mathrm{dom} f$ に含まれないならば不等式は自明に成立するので, $x \vee y, x \wedge y \in \mathrm{dom} f$ を仮定する. 証明のアイデアを紹介するために図 2.6 の状況について示そう. ここでは, $x \wedge y = (0,0)$, $x \vee y = (3,2)$ とし, 横軸を u 軸, 縦軸を v 軸とする. $(1,1), (0,0), v$ について $(\mathrm{M}^\natural)$ を用いると

$$f(x \wedge y) + f(1,1) = f(0,0) + f(1,1) \leq f(1,0) + f(0,1)$$

を得る. 同様に $(1,2), (0,1), v$ について $(\mathrm{M}^\natural)$ を用いると

$$f(1,2) + f(0,1) \leq f(1,1) + f(0,2) = f(1,1) + f(y)$$

を得る. これらを辺々足すと

$$f(x \wedge y) + f(1,2) \leq f(y) + f(1,0)$$

となる. 同じように次の 2 つの不等式が成立する.

$$f(1,0) + f(2,2) \leq f(1,2) + f(2,0)$$
$$f(2,0) + f(x \vee y) \leq f(2,2) + f(x)$$

上記の 3 つの不等式を辺々足すと

$$f(x \wedge y) + f(x \vee y) \leq f(x) + f(y)$$

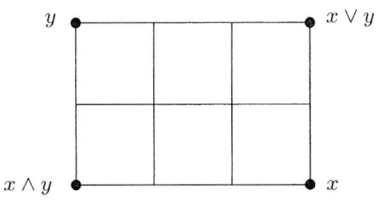

図 2.6 2 次元の場合の $x, y, x \vee y, x \wedge y$ の配置の例

のように示すべき不等式が導かれる．次元が 3 以上の場合も同様である． □

次に Kelso–Crawford[44] によって提案された**粗代替性**[*20] と Gul–Stacchetti[34] によって提案された**単改良性**[*21] の自然な拡張を紹介する．以下では $f : \mathbf{Z}^V \to \mathbf{R} \cup \{-\infty\}$ とする．第 3 章以降では実効定義域 $\mathrm{dom} f$ が有界な場合を扱う．この場合は任意の $q \in \mathbf{R}^V$ に対して $\arg\max(f-q)$ は非空であり，以下の性質の前提である $\arg\max(f-q) \neq \emptyset$ は常に満たされるので無視してもよいだろう．また，V は不可分財の集合を表し，$x \in \mathbf{Z}^V$ はある消費者が消費するそれぞれの不可分財 $v \in V$ の個数 $x(v)$ を並べたベクトルを意味する．f はこの消費者の評価関数を表すとみなし，それぞれの性質の解釈も与える．まずは，粗代替性から紹介する．

> (GS$_\mathrm{W}$)　$p, q \in \mathbf{R}^V$ と $x \in \mathrm{dom} f$ が $p \leq q$, $x \in \arg\max(f-p)$ と $\arg\max(f-q) \neq \emptyset$ を満たすならば，ある $y \in \arg\max(f-q)$ が存在して，$p(v) = q(v)$ ならば $y(v) \geq x(v)$ を満たす

Kelso–Crawford[44] によって提案された粗代替性の最も自然な表現が，条件 (GS$_\mathrm{W}$) である[*22]．(GS$_\mathrm{W}$) は，価格ベクトルが p から q へ増加したとき，消費者は価格が据え置かれた財については価格が増加する前と少なくとも同じ個数を欲することを意味している．

次に (GS$_\mathrm{W}$) を強めた 2 つの性質を紹介する[*23]．

> (GS)　$(p_0, p), (q_0, q) \in \mathbf{R}^{\{0\} \cup V}$ と $x \in \mathrm{dom} f$ が $(p_0, p) \leq (q_0, q)$, $x \in \arg\max(f-p+p_0\mathbf{1})$ と $\arg\max(f-q+q_0\mathbf{1}) \neq \emptyset$ を満たすならば，ある $y \in \arg\max(f-q+q_0\mathbf{1})$ が存在して，$p(v) = q(v)$ ならば $y(v) \geq x(v)$, $p_0 = q_0$ ならば $y(V) \leq x(V)$ を満たす．ただし，$\mathbf{1}$ はすべての成分が 1 であるベクトルを表す
>
> (SWGS)　$p \in \mathbf{R}^V$, $x \in \arg\max(f-p)$, $v \in V$ に対して，次のうち 1 つが成り立つ

[*20] 粗代替性 (gross substitutes property) の頭文字をとって，以降では粗代替性やそのバリエーションについては GS を付けて表記する．

[*21] 単改良性 (single improvement property) の頭文字をとって，以降では単改良性やそのバリエーションについては SI を付けて表記する．

[*22] $\mathrm{dom} f \subseteq \{0, 1\}^V$ の場合には，(GS$_\mathrm{W}$) は Kelso–Crawford[44] の粗代替性と一致する．

[*23] (SWGS) の SW は step-wise からきている．

(i) すべての $\alpha > 0$ に対して $x \in \arg\max(f-p-\alpha\chi_v)$
(ii) すべての $\alpha > 0$ に対して $\arg\max(f-p-\alpha\chi_v) = \emptyset$
(iii) ある $\alpha > 0$ と $y \in \arg\max(f-p-\alpha\chi_v)$ が存在して, $y(v) = x(v) - 1$ かつ $u \in V \setminus \{v\}$ に対して $y(u) \geq x(u)$

(GS) は, 価格が増加したとき ($p \leq q$ かつ $p_0 = q_0$), 消費者は価格据え置きの財は同量以上欲し, 財の総個数は増加しないことを主張する. さらに, (GS) は, すべての価格が一定量減少したとき ($p = q$ かつ $p_0 < q_0$), 消費者はどの財も価格変更前と同量以上を欲することも主張している. 明らかに, 条件 (GS) は条件 (GS$_W$) より強い.

条件 (SWGS) は次のように解釈できる. 不可分財 v の価格がわずかに増えたとき, 最適な財の消費が存在するならば, 消費者は (i) 同じ消費または (iii) v の個数がちょうど1減少し, 他の財の個数は減らない消費を望む. f が (SWGS) を満たせば, (GS$_W$) を満たす.

次に Gul–Stacchetti[34] の単改良性に話を移そう. ここでは, 2つの性質を紹介する.

(SI$_W$) $p \in \mathbf{R}^V$ と $x \in \text{dom} f$ が $x \notin \arg\max(f-p)$ を満たすならば, ある $u, v \in \{0\} \cup V$ が存在して $(f-p)(x) < (f-p)(x - \chi_u + \chi_v)$
(SI) $p \in \mathbf{R}^V$ と $x, y \in \text{dom} f$ が $(f-p)(x) < (f-p)(y)$ を満たすならば,

$$(f-p)(x) < \max_{u \in \text{supp}^+(x-y) \cup \{0\}} \max_{v \in \text{supp}^-(x-y) \cup \{0\}} (f-p)(x - \chi_u + \chi_v)$$

条件 (SI$_W$) は, 消費量 x が最適でないときには, (i) 1つの財を除く, (ii) 1つの財を加える, あるいは (iii) この両方を行うことで厳密に改善できること意味する[*24]. さらに, 条件 (SI) は, 消費者は任意の消費量 x をより好ましい任意の消費量 y に近づけられるという意味で (SI$_W$) よりも強い.

集合関数[*25]に対し, 粗代替性と単改良性の等価性は Gul–Stacchetti[34] により示され, さらに単改良性と M$^\natural$ 凹性の等価性は藤重–楊[31] により示された. 条

[*24] $\text{dom} f \subseteq \{0, 1\}^V$ のとき, (GS$_W$) は Gul–Stacchetti[34] の単改良性と一致する.
[*25] 集合の部分集合に対して値を定める関数を集合関数という. V の部分集合に対して値を定める集合関数 f は, 部分集合とその特性ベクトルの同一視により $\text{dom} f \subseteq \{0,1\}^V$ のときと解釈できる.

件 (SWGS) は Danilov–Koshevoy–Lang[10] で与えられ, その他の性質は室田–田村[65]による. $M^{\natural}$凹関数は上記5つの条件を満たす.

補題 2.15 $M^{\natural}$凹関数は (GS_W), (GS), $(SWGS)$, (SI), (SI_W) を満たす.

補題 2.15 の証明は第 2.10.1 項で与える. さらにこれらの条件を用いることで $M^{\natural}$凹関数を特徴付けすることもできる.

定理 2.16[65] 有界で非空な実効定義域をもつ凹拡張可能な関数 $f : \mathbf{Z}^V \to \mathbf{R} \cup \{-\infty\}$ が $M^{\natural}$凹である必要十分条件は, それが (GS) を満たすことである.

定理 2.17[10] 非空な実効定義域をもつ凹拡張可能な関数 $f : \mathbf{Z}^V \to \mathbf{R} \cup \{-\infty\}$ が $M^{\natural}$凹である必要十分条件は, それが (SWGS) を満たすことである.

定理 2.18[65] 非空な実効定義域をもつ関数 $f : \mathbf{Z}^V \to \mathbf{R} \cup \{-\infty\}$ が $M^{\natural}$凹である必要十分条件は, それが (SI) を満たすことである.

Gul–Stacchetti[34], 藤重–楊[31], Danilov–Koshevoy–Lang[10], 室田–田村[65] の成果を集合関数についてまとめると, 上記5つの性質と $(M^{\natural})$ はすべて等価となる.

定理 2.19 非空な実効定義域をもつ関数 $f : \{0,1\}^V \to \mathbf{R} \cup \{-\infty\}$ に対して, 以下が成立する.

$$(M^{\natural}) \Leftrightarrow (GS) \Leftrightarrow (GS_W) \Leftrightarrow (SWGS) \Leftrightarrow (SI) \Leftrightarrow (SI_W)$$

定理 2.19 では関数 $f : \{0,1\}^V \to \mathbf{R} \cup \{-\infty\}$ を扱うが, これは常に凹拡張可能である. そのため前提条件からこの条件を外すことができる.

藤重–田村[29] は $M^{\natural}$凹関数 $f : \mathbf{Z}^V \to \mathbf{R} \cup \{-\infty\}$ が次の2性質を満たすことを示した. これらの性質は後で議論するように代替性[*26]とみなせる.

> (Sub_1) $z_1, z_2 \in \mathbf{Z}^V$ が $z_1 \geq z_2$ を満たし, $\arg\max\{f(y) \mid y \leq z_1\} \neq \emptyset$ かつ $\arg\max\{f(y) \mid y \leq z_2\} \neq \emptyset$ とする. このとき, 任意の $x_1 \in \arg\max\{f(y) \mid y \leq z_1\}$ に対して,

---

[*26] 代替性 (substitutability) から (Sub_1) と (Sub_2) と表記することにする.

2.8 $M^{\natural}$ 凹性,粗代替性,単改良性,代替性の関係

$$x_2 \in \arg\max\{f(y) \mid y \leq z_2\} \quad \text{かつ} \quad z_2 \wedge x_1 \leq x_2$$

を満たす x_2 が存在する

(Sub$_2$) $z_1, z_2 \in \mathbf{Z}^V$ が $z_1 \geq z_2$ を満たし,$\arg\max\{f(y) \mid y \leq z_1\} \neq \varnothing$ かつ $\arg\max\{f(y) \mid y \leq z_2\} \neq \varnothing$ とする.このとき,任意の $x_2 \in \arg\max\{f(y) \mid y \leq z_2\}$ に対して,

$$x_1 \in \arg\max\{f(y) \mid y \leq z_1\} \quad \text{かつ} \quad z_2 \wedge x_1 \leq x_2$$

を満たす x_1 が存在する

上記の性質の意味を考えてみよう.V を労働者の集合とし,$y \in \mathbf{Z}^V$ をそれぞれの労働者に割り当てられた労働時間 (労働割当とよぶことにする) を表すとする.関数 f は雇用者の労働割当に関する評価関数で,$z_1, z_2 \in \mathbf{Z}^V$ はそれぞれの労働者に割当可能な労働時間の上限を意味している.性質 (Sub$_1$) は,それぞれの労働者の労働時間の上限が減少あるいは同じ状態にとどまったとき,次の条件を満たす最適労働割当が存在することを意味している.

- それぞれの労働者に対して,もし彼の元々の労働時間が新しい上限以下ならば彼の労働時間は減らず,もし彼の元々の労働時間が新しい上限より多いならば彼の労働時間が新しい上限に一致している

一方,性質 (Sub$_2$) は,それぞれの労働者の労働時間の上限が増加あるいは同じ状態にとどまったとき,次の条件を満たす最適労働割当が存在することを意味している.

- それぞれの労働者に対して,もし彼の元々の労働時間が元々の上限未満ならば彼の労働時間は増えない

評価関数 f から

$$C(z) = \arg\max\{f(y) \mid y \leq z\} \quad (z \in \mathbf{Z}^V)$$

と定義される選択関数 $C : \mathbf{Z}^V \to 2^{\mathrm{dom}f}$ を考える.ただし,$2^{\mathrm{dom}f}$ は $\mathrm{dom}\,f$ のすべての部分集合からなる集合族とする.このとき,性質 (Sub$_1$) と (Sub$_2$) は選択関数 C の代替性とよばれる性質とみることができる.事実,もし

$\mathrm{dom} f \subseteq \{0,1\}^V$ ならば，(Sub_1) と (Sub_2) は Sotomayor[79] の Definition 4 における代替性と一致する[*27]．さらに，C が常に一元集合となる場合を考えてみよう．このとき，(Sub_1) と (Sub_2) は等価であり，(Sub_1) (あるいは (Sub_2)) は，Alkan–Gale[3] における代替性や Hatfield–Milgrom[36] における代替性と一致する．Alkan–Gale[3] では，関数 $C: 2^V \to 2^V$ で，任意の $A \subseteq V$ に対して $C(A) \subseteq A$ となるものについて，代替性を以下のように定義している．

(a) 任意の $Z_2 \subseteq Z_1 \subseteq V$ に対して $C(Z_1) \cap Z_2 \subseteq C(Z_2)$

一方，Hatfield–Milgrom[36] では，関数 $C: 2^V \to 2^V$ で，任意の $A \subseteq V$ に対して $C(A) \subseteq A$ となるものについて，$R(A) = A \setminus C(A)$ と定め，代替性を以下のように定義している．

(b) 任意の $Z_2 \subseteq Z_1 \subseteq V$ に対して $R(Z_2) \subseteq R(Z_1)$

この条件 (b) は以下のように条件 (a) と同値である．条件 (a) を仮定し，$v \in R(Z_2)$ を任意に選ぶ．このとき，$v \notin C(Z_2)$ かつ $v \in Z_2$ であるから，(a) より $v \notin C(Z_1)$ となり，$v \in R(Z_1)$ が示せる．すなわち (b) を得る．逆に，条件 (b) を仮定し，$v \in C(Z_1) \cap Z_2$ を任意に選ぶ．このとき，$v \in C(Z_1)$ より $v \notin R(Z_1)$ であるが，(b) より $v \notin R(Z_2)$ である．さらに $v \in Z_2$ より $v \in C(Z_2)$ が示せる．すなわち (a) を得る．

$\mathrm{M}^\natural$凹関数が (Sub_1) と (Sub_2) を満たすことは先に述べたが，すべての代替性を $\mathrm{M}^\natural$凹関数で表現できるわけではない．例えば，$V = \{1, 2, 3\}$ とし，2^V 上の選好順序を

$$\{3\} \succ \{1, 2\} \succ \{2\} \succ \{1\} \succ \emptyset \succ (\text{その他の部分集合})$$

とする．V の部分集合 A に対して，A の部分集合で上記選好順序で最も好ましいものを $C(A)$ とするように選択関数 $C: 2^V \to 2^V$ を定義すると，C は上記の代替性 (a), (b) を満たす．しかし，この選好順序を $\mathrm{M}^\natural$凹関数では表現できない．

[*27] Sotomayor[79] では，V のそれぞれの部分集合 A に対して，$C(A) \subseteq 2^A$ となる関数に対して，代替性を以下のように定義している．すべての $Z_2 \subseteq Z_1 \subseteq V$ に対して，① 任意の $X_1 \in C(Z_1)$ に対して，$X_1 \cap Z_2 \subseteq X_2$ となる $X_2 \in C(Z_2)$ が存在し，かつ ② 任意の $X_2 \in C(Z_2)$ に対して，$X_1 \cap Z_2 \subseteq X_2$ となる $X_1 \in C(Z_1)$ が存在する．

2.8 M♮凹性, 粗代替性, 単改良性, 代替性の関係

代替性を用いた M♮凹関数の特徴付けについては，以下の事実が知られている．Farooq–Tamura[22)] は，$f:\{0,1\}^V \to \mathbf{R} \cup \{-\infty\}$ が，① M♮凹関数であること，② 任意の $p \in \mathbf{R}^V$ に対して $(f-p)$ が (Sub_1) を満たすこと，③ 任意の $p \in \mathbf{R}^V$ に対して $(f-p)$ が (Sub_2) を満たすことが互いに等価であることを示した．さらに Farooq–Shioura[21)] はこの事実を $\mathrm{dom} f$ が有界な場合に拡張した．以上の結果をまとめておこう．次の補題 2.20 の証明は，第 2.10.2 項で与える．

補題 2.20[29)]　M♮凹関数は，(Sub_1) と (Sub_2) を満たす．

定理 2.21[22)]　$f:\{0,1\}^V \to \mathbf{R} \cup \{-\infty\}$ に対して以下は等価である．
① f は M♮凹関数である
② 任意の $p \in \mathbf{R}^V$ に対して $(f-p)$ が (Sub_1) を満たす
③ 任意の $p \in \mathbf{R}^V$ に対して $(f-p)$ が (Sub_2) を満たす

定理 2.22[21)]　$\mathrm{dom} f$ が有界な関数 $f:\mathbf{Z}^V \to \mathbf{R} \cup \{-\infty\}$ に対して以下は等価である．
① f は M♮凹関数である
② 任意の $p \in \mathbf{R}^V$ に対して $(f-p)$ が (Sub_1) を満たす
③ 任意の $p \in \mathbf{R}^V$ に対して $(f-p)$ が (Sub_2) を満たす

以下の補題では代替性 (Sub_1), (Sub_2) における z_1, z_2 を制限した場合により強い制約を満たす最大解の存在を示している．補題 2.23 と補題 2.24 は第 5.4 節で利用される．

補題 2.23[29)]　$f:\mathbf{Z}^V \to \mathbf{R} \cup \{-\infty\}$ を M♮凹関数とし，$u \in V$ に対してベクトル $z_1, z_2 \in (\mathbf{Z} \cup \{+\infty\})^V$ が $z_1 = z_2 + \chi_u$, $\arg\max\{f(y) \mid y \leq z_1\} \neq \emptyset$ かつ $\arg\max\{f(y) \mid y \leq z_2\} \neq \emptyset$ を満たすとする．このとき，次の 2 つの主張が成り立つ．
① それぞれの $x \in \arg\max\{f(y) \mid y \leq z_1\}$ に対して，以下を満たす $v \in \{0\} \cup V$ ($v = u$ であることも許す) が存在する．
$$x - \chi_u + \chi_v \in \arg\max\{f(y) \mid y \leq z_2\}$$

② それぞれの $x \in \arg\max\{f(y) \mid y \leq z_2\}$ に対して，以下を満たす $v \in \{0\} \cup V$ ($v = u$ であることも許す) が存在する．

$$x + \chi_u - \chi_v \in \arg\max\{f(y) \mid y \leq z_1\}$$

上の補題の①では，上限 $z_1(u)$ が 1 だけ減少した際に，最大解 x から $x(u)$ をそのまま保存するか 1 減少させ，高々 1 つの他の成分を 1 増加させることで新たな上限に対する最大解が得られることを主張している．同様に補題の②では，上限 $z_2(u)$ が 1 だけ増加した際に，最大解 x から $x(u)$ をそのまま保存するか 1 増加させ，高々 1 つの他の成分を 1 減少させることで新たな上限に対する最大解が得られることを主張している．

[補題 2.23 の証明] 主張①から示す．もし $x \leq z_2$ ならば $v = u$ とすればよい．したがって $x(u) = z_1(u) = z_2(u) + 1$ であると仮定する．x' を $\arg\max\{f(y) \mid y \leq z_2\}$ の任意の元とする．$x, x', u \in \mathrm{supp}^+(x - x')$ に関する (M$^\natural$) より，ある $v \in \{0\} \cup \mathrm{supp}^-(x - x')$ が存在し，

$$f(x) + f(x') \leq f(x - \chi_u + \chi_v) + f(x' + \chi_u - \chi_v)$$

となる．$x' + \chi_u - \chi_v \leq z_1$ でかつ $x \in \arg\max\{f(y) \mid y \leq z_1\}$ であるから，上記不等式より，$f(x') \leq f(x - \chi_u + \chi_v)$ を得る．$x - \chi_u + \chi_v \leq z_2$ であるから，$x - \chi_u + \chi_v \in \arg\max\{f(y) \mid y \leq z_2\}$ を得る．すなわち，$x - \chi_u + \chi_v$ は主張を満たす．

次に②を示す．もし $x \in \arg\max\{f(y) \mid y \leq z_1\}$ ならば $v = u$ とすればよい．したがって $x \notin \arg\max\{f(y) \mid y \leq z_1\}$ を仮定する．このとき，$x \in \arg\max\{f(y) \mid y \leq z_2\}$ であることより，$x' \in \arg\max\{f(y) \mid y \leq z_1\}$ で $x'(u) = z_1(u)$ となるものが存在しなければならない．$x', x, u \in \mathrm{supp}^+(x' - x)$ に関する (M$^\natural$) より，ある $v \in \{0\} \cup \mathrm{supp}^-(x' - x)$ が存在し，

$$f(x') + f(x) \leq f(x' - \chi_u + \chi_v) + f(x + \chi_u - \chi_v)$$

となる．$x' - \chi_u + \chi_v \leq z_2$ でかつ $x \in \arg\max\{f(y) \mid y \leq z_2\}$ であるから，上記不等式より，$f(x') \leq f(x + \chi_u - \chi_v)$ を得る．このとき，$x + \chi_u - \chi_v \leq z_1$ であるから，$x + \chi_u - \chi_v \in \arg\max\{f(y) \mid y \leq z_1\}$ を得る．すなわち，$x + \chi_u - \chi_v$ は主張を満たす． □

補題 2.24[29] $f: \mathbf{Z}^V \to \mathbf{R} \cup \{-\infty\}$ を M♮凹関数とし，ベクトル $z_2 \in (\mathbf{Z} \cup \{+\infty\})^V$ に対して $\arg\max\{f(y) \mid y \leq z_2\} \neq \emptyset$ とする．このとき，任意の $x \in \arg\max\{f(y) \mid y \leq z_2\}$ と任意のベクトル $z_1 \in (\mathbf{Z} \cup \{+\infty\})^V$ に対して，(i) $z_1 \geq z_2$ かつ (ii) $x(v) = z_2(v) \Rightarrow z_1(v) = z_2(v)$ が成立するならば，$x \in \arg\max\{f(y) \mid y \leq z_1\}$ である．

例えば，x が財の消費量を表し，z_1 や z_2 がそれぞれの財の消費可能量とする．消費可能量 z_2 のもとでの評価値最大の消費量 x に対して，財 v の消費量 $x(v)$ と消費可能量 $z_2(v)$ に差があるときは，$z_2(v)$ を増加させることで新たな消費可能量 z_1 を構成しても，z_1 という上限制約のもとでも x は最適な消費量であることを上記の補題は意味している．

[補題 2.24 の証明] 背理法で示そう．$y \leq z_1$ と $f(y) > f(x)$ という制約条件のもとで

$$\sum\{y(v) - z_2(v) \mid v \in \mathrm{supp}^+(y - z_2)\} \tag{2.30}$$

を最小とするものを x' とする．仮定より，$x'(u) > z_2(u) > x(u)$ という $u \in V$ が存在しなければならない．x', x, $u \in \mathrm{supp}^+(x' - x)$ に関する (M♮) より，ある $v \in \{0\} \cup \mathrm{supp}^-(x' - x)$ が存在し，

$$f(x') + f(x) \leq f(x' - \chi_u + \chi_v) + f(x + \chi_u - \chi_v)$$

となる．$x + \chi_u - \chi_v \leq z_2$ であり，$x \in \arg\max\{f(y) \mid y \leq z_2\}$ であるから，$f(x) \geq f(x + \chi_u - \chi_v)$ を得る．上記 2 つの不等式より，$f(x') \leq f(x' - \chi_u + \chi_v)$ を得る．もし $v \neq 0$ ならば $x'(v) < x(v) \leq z_2(v) \leq z_1(v)$ であるから，$x' - \chi_u + \chi_v \leq z_1$ である．すなわち，$f(x' - \chi_u + \chi_v) \geq f(x') > f(x)$ であるが，$x' - \chi_u + \chi_v$ は x' よりも (2.30) を 1 減少させるので，x' の最小性に矛盾する．したがって $x \in \arg\max\{f(y) \mid y \leq z_1\}$ でなければならない． □

2.9 組合せオークションへの応用

本節では，M♮凹関数の合成積 (定理 2.2) と M♮凹交わり問題の応用として組合せオークションを紹介する．組合せオークションの特徴は，財の組合せごと

に評価値を与えることができる点である.

ある競売者により競売される不可分財の集合を V とし, 買い手の集合を B とする. 各買い手 $i \in B$ は, $f_i : 2^V \to \mathbf{R} \cup \{-\infty\}$ という財の集合の価値を貨幣価値に換算する評価関数をもつとする. すなわち, V の部分集合 X に対して, i が X を手に入れたときは $f_i(X)$ を支払うとする. これらの総計が競売者の利益となる. 競売者はすべての f_i の情報をもっており, 彼の目的は利益を最大とする財集合 V の買い手への割当である. ここで割当とは, V の分割 $\{X_i \mid i \in \{0\} \cup B\}$ (X_0 は売らない財集合とみなす) のことであり, 最適割当とは $\sum_{i \in B} f_i(X_i)$ を最大化する割当である.

一般の評価関数に対しては, 組合せオークションは難しい問題であるが, B. Lehmann–D. Lehmann–Nisan[48] は, いくつかのクラスの評価関数に対する組合せオークションについて議論し, f_i がすべて M♮凹関数である場合は, 最適割当が効率的に求まることを述べている. ここでは, 部分集合とその特性ベクトルを同一視する. $\{0,1\}^V$ 上で常に値 0 をとる関数を f_0 とする (f_0 は M♮凹関数である). 変数 $y \in \{0,1\}^V$ に関する関数 f を

$$f(y) = \max \left\{ \sum_{i \in \{0\} \cup B} f_i(x_i) \;\middle|\; \sum_{i \in \{0\} \cup B} x_i = y, \; x_i \in \{0,1\}^V \; (i \in \{0\} \cup B) \right\}$$

と定義する. このとき $f(\mathbf{1})$ が最適割当における競売者の利益である. 最適割当を求める問題は, $y = \mathbf{1}$ としたときの f の定義式の最大値を達成する解を求める問題として定式化できる. f は M♮凹関数の族 $\{f_i \mid i \in \{0\} \cup B\}$ の合成積であるので, 定理 2.2 より M♮凹関数となる. M♮凹関数の合成積の計算は, 次のように M♮凹交わり問題に変換できる.

$B = \{1, 2, \ldots, m\}$ とし, $V = \{v_1, v_2, \ldots, v_n\}$ とする. ここで, それぞれの買い手 $i \in \{0\} \cup B$ (0 も架空の買い手とみなす) に対して,

$$V_i = \{v_1^i, v_2^i, \ldots, v_n^i\}$$

という集合を考える. さらにそれぞれの $i \in \{0\} \cup B$ に対する集合 $E^{(i)}$ と E を次のように定義する.

2.9 組合せオークションへの応用

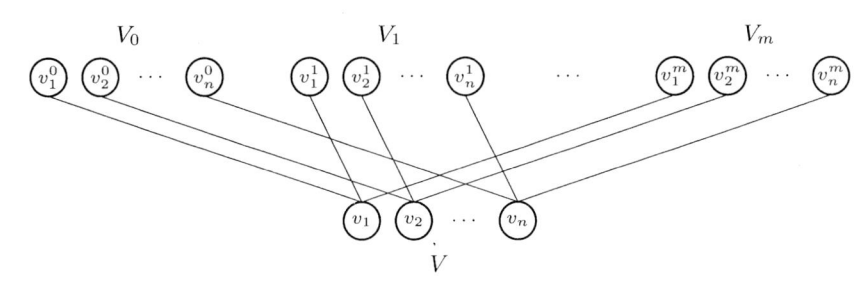

```
    V₀              V₁                    Vₘ
 ⓥ¹⁰ ⓥ²⁰ ⋯ ⓥₙ⁰   ⓥ¹¹ ⓥ²¹ ⋯ ⓥₙ¹   ⋯   ⓥ¹ᵐ ⓥ²ᵐ ⋯ ⓥₙᵐ


              ⓥ₁ ⓥ₂ ⋯ ⓥₙ
                    V
```

図 **2.7** 2 部グラフ $(V_0 \cup V_1 \cup \cdots \cup V_m, V; E)$

$$E^{(i)} := \{(v_j^i, v_j) \mid j = 1, 2, \ldots, n\} \qquad (i \in \{0\} \cup B)$$

$$E := \bigcup_{i \in \{0\} \cup B} E^{(i)}$$

ここで，$V \cup V_0 \cup V_1 \cup \cdots \cup V_m$ を頂点とみなし，E を辺とみなせば，2 部グラフ $(V_0 \cup V_1 \cup \cdots \cup V_m, V; E)$ が得られる[*28]．図 2.7 はその 2 部グラフのイメージ図である．次に E 上に 2 つの M♮凹関数を定義する．

第 1 の関数は以下のように定義する．$i \in \{0\} \cup B$ とする．集合 $E^{(i)}$ は V と自然に 1 対 1 対応がつくので，買い手 i の評価関数 f_i を $E^{(i)}$ で考えたものを f_i^+ とする．正確にはベクトル $x \in \{0,1\}^{E^{(i)}}$ に対して，V の部分集合 X_x を

$$v_j \in X_x \iff x(v_j^i, v_j) = 1 \qquad (j = 1, 2, \ldots, n)$$

と定義し，関数 $f_i^+ : \{0,1\}^{E^{(i)}} \to \mathbf{R} \cup \{-\infty\}$ を

$$f_i^+(x) = f_i(X_x) \qquad (x \in \{0,1\}^{E^{(i)}})$$

と定義する．f_i が M♮凹関数なので f_i^+ も M♮凹関数である．ベクトル $x \in \{0,1\}^E$ に対して，x の $E^{(i)}$ への制限を $x_{(i)}$ と表記する．f_i^+ $(i = 0, 1, \ldots, m)$ の直和として第 1 の関数 $f^+ : \{0,1\}^E \to \mathbf{R} \cup \{-\infty\}$ を

$$f^+(x) = \sum_{i \in \{0\} \cup B} f_i^+(x_{(i)}) \qquad (x \in \{0,1\}^E) \tag{2.31}$$

[*28] グラフ $G = (V, E)$ において，頂点集合の分割 (V_1, V_2) が存在し，すべての辺 $e \in E$ が V_1 の頂点と V_2 の頂点を結ぶとき，G を **2 部グラフ**という．特に頂点の分割が陽に与えられているとき，$G = (V_1, V_2; E)$ のように表記する．

と定める. (2.31) より, f^+ は競売者がそれぞれの財をいくつでも売ることができる状況での買い手の評価関数の総和を意味している. 定理 2.2 より, f^+ は E 上の M$^\natural$ 凹関数である.

第 2 の関数は E の異なる分割を用いる. E の分割 $\{E_{(1)}, E_{(2)}, \ldots, E_{(n)}\}$ を

$$E_{(j)} = \{(v_j^i, v_j) \mid i \in \{0\} \cup B\} \qquad (j = 1, 2, \ldots, n)$$

と定める. $E_{(j)}$ は 2 部グラフ $(V_0 \cup V_1 \cup \cdots \cup V_m, V; E)$ において, 頂点 v_j に接続する辺全体の集合である. 第 2 の関数 $f^- : \{0,1\}^E \to \mathbf{R} \cup \{-\infty\}$ は, E の分割 $\{E_{(1)}, E_{(2)}, \ldots, E_{(n)}\}$ による E 上の分割マトロイド (付録 C.1 の例 C.3 参照) の基族 $\mathcal{B}$ と $w = \mathbf{0}$ に対して, 例 2.5 のように定まる M$^\natural$ 凹関数とする. 基族 $\mathcal{B}$ を考えているので, f^- は次の性質をもつ.

$$\begin{aligned} f^-(x) &= 0 \quad \Leftrightarrow \quad \left[\sum_{e \in E_{(j)}} x(e) = 1 \quad (j = 1, 2, \ldots, n)\right] \\ f^-(x) &= -\infty \quad \Leftrightarrow \quad (その他) \end{aligned} \qquad (2.32)$$

すなわち, (2.32) は, それぞれの財はただ 1 人の買い手 (買い手 0 も許す) に売るという制約を表現している.

2 つの M$^\natural$ 凹関数がそろったので, f^+ と f^- に対する M$^\natural$ 凹交わり問題

$$\text{最大化} \quad f^+ + f^- \qquad (2.33)$$

を考える. (2.33) は, 何も売らないという実行可能解 $(x_{(0)}, x_{(1)}, \ldots, x_{(m)}) = (\mathbf{1}, \mathbf{0}, \ldots, \mathbf{0})$ をもつ. また, $\text{dom} f^+$ も $\text{dom} f^-$ も有界であるから (2.33) は最適解 x^* をもつ. x^* は, それぞれの財はただ 1 人の買い手 (買い手 0 も許す) に売るという制約のもとで, 買い手の評価額の総和を表す f^+ を最大化する解である (f^- は実効定義域では値が 0 であることに注意). すなわち, x^* は最適割当を表す.

すべての $i \in \{0\} \cup B$ について $\text{dom} f_i = \{0,1\}^V$ である. このような問題は一般の M$^\natural$ 凹交わり問題よりもやさしく, 付値マトロイド交わり問題となり, 室田[53, 57] により $|V|$ に関する多項式時間アルゴリズムが与えられている. また, $x \in \text{dom} f^+$ に対して $x(E) \leq n(m+1)$ であるから, M$^\natural$ 凹交わり問題に対す

る第 2.7 節で紹介した証明法 (アルゴリズム) を用いても, $(m+1)n$ 回の反復で終了する.

2.10 諸性質の証明

本節では, 補題 2.15 および補題 2.20 の証明を与える.

2.10.1 補題 2.15 の証明

$f : \mathbf{Z}^V \to \mathbf{R} \cup \{-\infty\}$ を $\mathrm{M}^{\natural}$ 凹関数とする.

まず f が (GS) を満たすことを示す. $x \in \arg\max(f - p + p_0 \mathbf{1})$ かつ $y \in \arg\max(f - q + q_0 \mathbf{1})$ とし, y は $\arg\max(f - q + q_0 \mathbf{1})$ 内で $\|y - x\|_1$ を最小にするものとする. 仮に $p(u) = q(u)$ かつ $x(u) > y(u)$ となる $u \in V$ が存在したとする. このとき, ($\mathrm{M}^{\natural}$) より, ある $v \in \{0\} \cup \mathrm{supp}^-(x-y)$ が存在し

$$f(x) + f(y) \le f(x - \chi_u + \chi_v) + f(y + \chi_u - \chi_v) \tag{2.34}$$

となる. $x \in \arg\max(f - p + p_0 \mathbf{1})$ かつ $y \in \arg\max(f - q + q_0 \mathbf{1})$ であるから,

$$\begin{aligned} (f - p + p_0 \mathbf{1})(x) &\ge (f - p + p_0 \mathbf{1})(x - \chi_u + \chi_v) \\ (f - q + q_0 \mathbf{1})(y) &\ge (f - q + q_0 \mathbf{1})(y + \chi_u - \chi_v) \end{aligned} \tag{2.35}$$

である. (2.34) と (2.35) より

$$\begin{aligned} f(x) + f(y) &\le f(x) + f(y) + \langle p - p_0 \mathbf{1}, \chi_v - \chi_u \rangle + \langle q - q_0 \mathbf{1}, \chi_u - \chi_v \rangle \\ &= \begin{cases} f(x) + f(y) + (p_0 - q_0) & (v = 0) \\ f(x) + f(y) + (p(v) - q(v)) & (v \ne 0) \end{cases} \\ &\le f(x) + f(y) \end{aligned}$$

となり, (2.35) の第 2 式は等式でなければならない. $y + \chi_u - \chi_v \in \arg\max(f - q + q_0 \mathbf{1})$ となり, y の定義に矛盾する. したがって, $p(u) = q(u)$ ならば $x(u) \le y(u)$ である. また, 仮に $p_0 = q_0$ にもかかわらず $y(V) > x(V)$ とする. このとき, (2.10) で定義する $\hat{f}$ が M 凹関数であることより, $v \in \mathrm{supp}^-(x-y)$ となる v が存在し

$$f(x) + f(y) \le f(x + \chi_v) + f(y - \chi_v) \tag{2.36}$$

となる. $x \in \arg\max(f - p + p_0 \mathbf{1})$ かつ $y \in \arg\max(f - q + q_0 \mathbf{1})$ であるから,

$$\begin{aligned}(f - p + p_0 \mathbf{1})(x) &\ge (f - p + p_0 \mathbf{1})(x + \chi_v) \\ (f - q + q_0 \mathbf{1})(y) &\ge (f - q + q_0 \mathbf{1})(y - \chi_v)\end{aligned} \tag{2.37}$$

である. (2.36) と (2.37) より

$$\begin{aligned}f(x) + f(y) &\le f(x) + f(y) + \langle p - p_0 \mathbf{1}, \chi_v \rangle + \langle q - q_0 \mathbf{1}, -\chi_v \rangle \\ &= f(x) + f(y) + (p(v) - q(v)) \le f(x) + f(y)\end{aligned}$$

となり, (2.37) の第 2 式は等式でなければならない. $y - \chi_v \in \arg\max(f - q + q_0 \mathbf{1})$ となり, y の定義に矛盾する. したがって, $p_0 = q_0$ ならば $y(V) \le x(V)$ である. 以上で f が (GS) を満たすことが示せた.

f が (GS) を満たすならば, (GS$_\mathrm{W}$) も満たす.

次に簡単のために $\mathrm{dom} f$ が有界な場合 (すなわち $\mathrm{dom} f$ が有限集合の場合) に f が (SWGS) を満たすことを示そう. $x \in \arg\max(f - p)$ とし, $v \in V$ を固定する. ある $\beta > 0$ に対して $x \notin \arg\max(f - p - \beta\chi_v) \ne \varnothing$ であると仮定する. $(f - p - \beta\chi_v)(x)$ は β に関して線形であるので, $x \in \arg\max(f - p - \beta\chi_v)$ を保存する β の上限を α とする. $\mathrm{dom} f$ の有限性より, $x \in \arg\max(f - p - \alpha\chi_v)$ であり, α の定義より, $y \in \arg\max(f - p - \alpha\chi_v)$ でかつ $y(v) < x(v)$ である y が存在する. x, y, v に対して (M$^\natural$) を適用すると, ある $u \in \{0\} \cup \mathrm{supp}^-(x - y)$ に対して,

$$\begin{aligned}&(f - p - \alpha\chi_v)(x) + (f - p - \alpha\chi_v)(y) \\ &\le (f - p - \alpha\chi_v)(x - \chi_v + \chi_u) + (f - p - \alpha\chi_v)(y + \chi_v - \chi_u)\end{aligned}$$

となる. ここで, $y \in \arg\max(f - p - \alpha\chi_v)$ より

$$(f - p - \alpha\chi_v)(y) \ge (f - p - \alpha\chi_v)(y + \chi_v - \chi_u)$$

であるから, 上記の 2 不等式より,

$$(f - p - \alpha\chi_v)(x) \le (f - p - \alpha\chi_v)(x - \chi_v + \chi_u)$$

2.10 諸性質の証明   53

すなわち, $x - \chi_v + \chi_u \in \arg\max(f - p - \alpha\chi_v)$ を得るため, f は (SWGS) を満たす.

最後に f が $(\mathrm{SI_W})$ と (SI) を満たすことを示す. 記述を簡単にするために $p = \mathbf{0}$ とする. $x \in \mathrm{dom} f$ に対して, $(\mathrm{SI_W})$ では $x \notin \arg\max f$ より $f(x) < f(y)$ となる y が存在し, (SI) と同じ状況となる. $x \not< y$ ならば, 任意の $u_1 \in \mathrm{supp}^+(x-y)$ に対して, ある $v_1 \in \{0\} \cup \mathrm{supp}^-(x-y)$ が存在し, $y_2 = y + \chi_{u_1} - \chi_{v_1}$ とすると

$$f(y) \le (f(x - \chi_{u_1} + \chi_{v_1}) - f(x)) + f(y_2) \tag{2.38}$$

となる. また, $x < y$ ならば, 任意の $v_1 \in \mathrm{supp}^-(x-y)$ に対して, ある $u_1 \in \{0\} \cup \mathrm{supp}^+(x-y)$ が存在し, (2.38) が成立する. 上記と同様のことを x と y_2 に対して行うと, $u_2 \in \{0\} \cup \mathrm{supp}^+(x-y_2) \subseteq \{0\} \cup \mathrm{supp}^+(x-y)$ と $v_2 \in \{0\} \cup \mathrm{supp}^-(x-y_2) \subseteq \{0\} \cup \mathrm{supp}^-(x-y)$ で $u_2 \ne v_2$ となるものが存在し, $y_3 = y_2 + \chi_{u_2} - \chi_{v_2}$ とすると

$$f(y_2) \le (f(x - \chi_{u_2} + \chi_{v_2}) - f(x)) + f(y_3)$$

となる. 同様のことを $t(\le \|x-y\|_1)$ 回繰り返すと $y_t = y + \sum_{i=1}^{t}(\chi_{u_i} - \chi_{v_i}) = x$ となり, さらに

$$f(x) < f(y) \le f(x) + \sum_{i=1}^{t}\bigl(f(x - \chi_{u_i} + \chi_{v_i}) - f(x)\bigr)$$

を得る. したがって, ある i に対して $f(x - \chi_{u_i} + \chi_{v_i}) - f(x) > 0$ でなければならない.

2.10.2 補題 2.20 の証明

$f : \mathbf{Z}^V \to \mathbf{R} \cup \{-\infty\}$ を M♮凹関数とする.

まず f が (Sub_1) を満たすことを示す. x_2 を $\arg\max\{f(y) \mid y \le z_2\}$ の元で,

$$\sum\{x_1(v) - x_2(v) \mid v \in \mathrm{supp}^+((z_2 \wedge x_1) - x_2)\} \tag{2.39}$$

を最小にするものとする. $z_2 \wedge x_1 \le x_2$ が成立することを示す. 仮にある $u \in V$ が存在して, $\min\{z_2(u), x_1(u)\} > x_2(u)$ であったとする. $u \in \mathrm{supp}^+(x_1 - x_2)$

であるから, (M$^\natural$) より, ある $v \in \{0\} \cup \mathrm{supp}^-(x_1 - x_2)$ が存在して

$$f(x_1) + f(x_2) \leq f(x_1 - \chi_u + \chi_v) + f(x_2 + \chi_u - \chi_v) \qquad (2.40)$$

となる. もし $v \neq 0$ ならば, $x_1(v) < x_2(v) \leq z_2(v) \leq z_1(v)$ であるから, $x_1 - \chi_u + \chi_v \leq z_1$ となる. $x_1 \in \arg\max\{f(y) \mid y \leq z_1\}$ であるので, $f(x_1) \geq f(x_1 - \chi_u + \chi_v)$ が成り立つ. この事実と (2.40) から, $x_2' = x_2 + \chi_u - \chi_v$ とすると

$$f(x_2) \leq f(x_2') \qquad (2.41)$$

を得る. さらに, $z_2(u) > x_2(u)$ であったから, $x_2' = x_2 + \chi_u - \chi_v \leq z_2$ となる. この事実と (2.41) より, $x_2' \in \arg\max\{f(y) \mid y \leq z_2\}$ である. しかし, もし $v \neq 0$ ならば $x_2'(v) \geq \min\{z_2(v), x_1(v)\}$ であり, $x_2'(u) = x_2(u) + 1$ なので, x_2 が (2.39) を最小にすることに矛盾する. すなわち, $z_2 \wedge x_1 \leq x_2$ でなければならない.

次に f が (Sub$_2$) を満たすことを示す. x_1 を $\arg\max\{f(y) \mid y \leq z_1\}$ の元で, (2.39) を最小にするものとする. $z_2 \wedge x_1 \leq x_2$ が成立することを示す. 仮にある $u \in V$ が存在して, $\min\{z_2(u), x_1(u)\} > x_2(u)$ であったとする. $u \in \mathrm{supp}^+(x_1 - x_2)$ であるから, (M$^\natural$) より, ある $v \in \{0\} \cup \mathrm{supp}^-(x_1 - x_2)$ が存在して (2.40) が成り立つ. $x_2(u) < z_2(u)$ であるから, $x_2 + \chi_u - \chi_v \leq z_2$ となる. $x_2 \in \arg\max\{f(y) \mid y \leq z_2\}$ であるので, $f(x_2) \geq f(x_2 + \chi_u - \chi_v)$ が成立する. この事実と (2.40) から, $x_1' = x_1 - \chi_u + \chi_v$ とすると

$$f(x_1) \leq f(x_1') \qquad (2.42)$$

を得る. もし $v \neq 0$ ならば, $x_1'(v) \leq x_2(v) \leq z_2(v) \leq z_1(v)$ であるから, $x_1' = x_1 - \chi_u + \chi_v \leq z_1$ となる. この事実と (2.42) より, $x_1' \in \arg\max\{f(y) \mid y \leq z_1\}$ である. しかし, もし $v \neq 0$ ならば $x_2(v) \geq \min\{z_2(v), x_1(v)\}$ であり, $x_1'(u) = x_1(u) - 1$ なので, x_1 が (2.39) を最小にすることに矛盾する. すなわち, $z_2 \wedge x_1 \leq x_2$ でなければならない.

3 割当モデルとその拡張

本章では,第 3.1 節で Shapley–Shubik[77)] による割当モデルとそこでの安定性の概念を紹介し,第 3.2 節で割当モデルの安定解の存在証明を与える.第 3.3 節では,割当モデルの多対多型への拡張とコアの存在を議論する.第 3.4 節では,上記のモデルをすべて包含するものとして M♮ 凹関数を用いたモデルを紹介し,第 3.5 節で安定解の存在について議論する.

3.1 割 当 モ デ ル

割当モデルでは,2 つの有限集合 P と Q で,互いに素 $(P \cap Q = \emptyset)$ なものを考える.これらは主体の集合であり,P と Q をそれぞれ男性集合と女性集合あるいは労働者集合と雇用者集合などとみなすことができる.本節では,P を男性,Q を女性の集合とみなそう.P と Q の元の組全体からなる集合を E とする,すなわち,$E = P \times Q$ とする.このモデルでは,2 つのベクトル $a, b \in (\mathbf{R}_+ \cup \{-\infty\})^E$ が与えられる.それぞれの組 $(i, j) \in E$ に対して,a の対応する成分を a_{ij} と表記し,b の対応する成分を b_{ij} と表記する.男性 i が女性 j と組むことを許容できるとき $a_{ij} \geq 0$ とし,それ以外のとき $a_{ij} = -\infty$ とする.同様に j が i を許容できるとき $b_{ij} \geq 0$ とし,それ以外のとき $b_{ij} = -\infty$ とする.a_{ij} と b_{ij} は主体 i と j が組んだときに得られる i と j のそれぞれの収益とみなすことができる.以上の (P, Q, a, b) が割当モデルの入力である.

E の部分集合 X がマッチングであるとは,どの男性もどの女性も X 内の高々 1 つの組に含まれることと定義する.すなわち,マッチングはそれぞれの主体が高々 1 人の異性と組んでいる状態を表している.マッチング X と $k \in P \cup Q$

に対して, k を含む組が X に含まれるとき k は X において飽和であるといい, それ以外のとき k は X において不飽和であるという.

割当モデルでは, マッチングのある種の安定性が話題となるが, この安定性の特徴は, 男性 i と女性 j が組んで得られた総収益 $a_{ij} + b_{ij}$ を i と j が分け合う点である. すなわち, マッチングのみならず収益の配分までを含めて安定性を議論する.

割当モデルにおける安定性は以下のように定義される. それぞれの主体の利益を表すベクトル $q = (q_i : i \in P) \in \mathbf{R}^P, r = (r_j : j \in Q) \in \mathbf{R}^Q$ と部分集合 $X \subseteq E$ の組 (X, q, r) に対して, 以下の条件が成り立つとき (X, q, r) を安定であるという.

> (a1)　X はマッチングである
> (a2)　すべての $(i,j) \in X$ に対し, $q_i + r_j = a_{ij} + b_{ij}$
> (a3)　i が X において不飽和ならば $q_i = 0$, j が X において不飽和ならば $r_j = 0$
> (a4)　$q, r \geq \mathbf{0}$, かつすべての $(i,j) \in E$ に対し $q_i + r_j \geq a_{ij} + b_{ij}$

(a1) は主体のパートナーシップは異性同士で特にマッチングに限ること, すなわちそれぞれの主体は高々 1 人の異性としか組めないことを意味している. (a2) は, X 内の組 (i,j) では, i と j は総収益 $a_{ij} + b_{ij}$ を q_i と r_j に分け合うことを意味している[*1]. ここで $p_{ij} = b_{ij} - r_j = q_i - a_{ij}$ は, それぞれの $(i,j) \in X$ に対する j から i への手付けとみなせる. (a3) は, パートナーがいない主体は利益が 0 であることを意味し, 割当モデルではそれぞれの主体は 1 人では利益を生むことができず, 異性と組むことによってのみ正の利益を得られることを意味している. 安定性の本質は (a4) であり, すべての主体の利益は非負であり, さらにパートナーシップを構築することで両者の利益が増すような組 $(i,j) \notin X$ が存在しないことを主張している.

例 3.1　$P = \{♠, ♣, ★\}, Q = \{♡, ♢\}$ とし, 収益を表すベクトル a, b を (見やすくするために行列を用いて) 次のものとする.

[*1] 第 4 章の安定結婚モデルでは, i と j はそれぞれ a_{ij} と b_{ij} を受け取り, 総収益を分け合うことをしない. この点が割当モデルと安定結婚モデルの最大の相違点である.

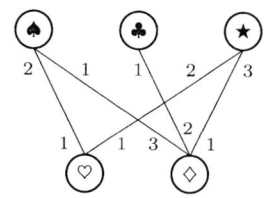

図 3.1 例 3.1 の入力を表現した 2 部グラフ
辺は互いに許容な組を表し、頂点の近くの数字はそれぞれ a と b を表している.

$$a = \begin{array}{c} \\ \spadesuit \\ \clubsuit \\ \star \end{array} \begin{array}{cc} \heartsuit & \diamondsuit \\ \begin{pmatrix} 2 & 1 \\ -\infty & 1 \\ 2 & 3 \end{pmatrix} \end{array} \qquad b = \begin{array}{c} \\ \spadesuit \\ \clubsuit \\ \star \end{array} \begin{array}{cc} \heartsuit & \diamondsuit \\ \begin{pmatrix} 1 & 3 \\ -\infty & 2 \\ 1 & 1 \end{pmatrix} \end{array}$$

また図 3.1 にも入力を表現する 2 部グラフを描いたので参考にしてほしい. この例において、次の 2 つはともに安定解である (頂点の近くの数値は q と r を表し、辺の近くの数値はマッチングに含まれる組 (i,j) に対する $a_{ij}+b_{ij}$ を表す).

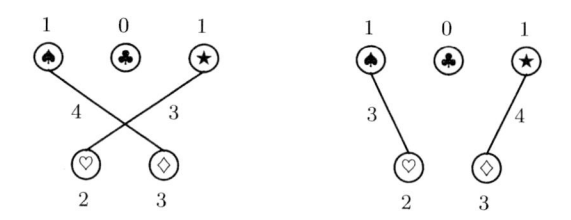

一方、次の 2 つのマッチングはどのように q,r を選んでも安定にはならない. なぜならば、グレーの線の組が (a4) を満たさないからである.

上記以外のマッチング、すなわち組数が 1 以下のマッチングはどれも安定にはならない. ∎

例 3.1 では安定解が存在したが，どのような入力に対しても割当モデルは安定解をもつ．

定理 3.1[77] 割当モデルの任意の入力 (P,Q,a,b) に対して，安定な (X,q,r) が存在する．

Shapley–Shubik[77] は，定理 3.1 を線形計画の双対理論を用いて示した．次節ではその証明法を紹介する．

3.2　割当モデルにおける安定解の存在証明

本節では，割当モデルにおける安定解の存在を示そう．割当モデルの入力 (P,Q,a,b) に対して，次のような**割当問題**とよばれる線形計画問題 (3.1) とその双対問題 (3.2) を考える．

$$
\begin{aligned}
\text{最大化}\quad & \sum_{(i,j)\in E}(a_{ij}+b_{ij})x_{ij} \\
\text{制約}\quad & \sum_{j\in Q} x_{ij} \leq 1 \quad (i\in P) \\
& \sum_{i\in P} x_{ij} \leq 1 \quad (j\in Q) \\
& x_{ij} \geq 0 \quad ((i,j)\in E)
\end{aligned}
\tag{3.1}
$$

$$
\begin{aligned}
\text{最小化}\quad & \sum_{i\in P} q_i + \sum_{j\in Q} r_j \\
\text{制約}\quad & q_i + r_j \geq a_{ij}+b_{ij} \quad ((i,j)\in E) \\
& q_i \geq 0 \quad (i\in P) \\
& r_j \geq 0 \quad (j\in Q)
\end{aligned}
\tag{3.2}
$$

問題 (3.1) において，制約 $x_{ij} \geq 0$ を $x_{ij} \in \{0,1\}$ に置き換えてみよう．このとき，(整数) 実行可能解 x に対して $x_{ij}=1$ となる (i,j) からなる集合はマッチングとなり，逆にマッチング X に対して χ_X は (3.1) の実行可能解となる．問題 (3.1) は **0** が実行可能解であり，さらに実行可能領域は有界であるから必ず最適解，特に最適基底解をもつ (付録 A の定理 A.1 と定理 A.2 参照)．さらに，(3.1) の制約式左辺の係数行列は完全単模であるから，(3.1) の任意の実行

可能基底解のそれぞれの成分は 0 か 1 である (詳細は付録 A.2 を参照). 実行可能基底解とマッチングが対応するため, 安定性の条件 (a1) は主問題 (3.1) の実行可能性に対応している. また, 条件 (a4) は双対問題 (3.2) の実行可能性に他ならない. 一方, 条件 (a2) と (a3) は, (X, q, r) に対して, q, r と χ_X が相補性条件を満たすことを主張している. 上記の議論から, 線形計画問題に対する相補性定理 (付録 A.3 の定理 A.9) を用いると以下の結果が得られる.

補題 3.2 割当モデルにおいて, (X, q, r) が安定であるための必要十分条件は, $x = \chi_X$ と q, r がそれぞれ (3.1) と (3.2) の最適解となることである.

先にも述べたように, (3.1) は必ず最適解をもち, 線形計画問題の双対定理より (3.2) も最適解をもつため補題 3.2 より割当モデルの任意の入力に対して, 安定解が存在することがいえる.

例 3.2 例 3.1 の場合について, 補題 3.2 を適用してみる. 対応する割当問題の最適値は 7 で, 例 3.1 で示した 2 つのマッチングのみがこれを達成する. 一方, 双対問題の最適解は,

$$(q_\spadesuit, q_\clubsuit, q_\star) = (1-\alpha, 0, 1-\alpha), \qquad (r_\heartsuit, r_\diamondsuit) = (2+\alpha, 3+\alpha) \qquad (0 \leq \alpha \leq 1)$$

となる. 例 3.1 で示した (q, r) は $\alpha = 0$ の場合である. ∎

3.3 多対多型割当モデル

Sotomayor[80] は, それぞれの主体が反対側の複数の主体とパートナーシップを結べる (ただし同一組の繰返しは許されない) マッチング市場モデルでの安定解の存在を示している. さらに Sotomayor[82] では, 同一組の繰返しを許すという拡張がなされているが, 本節ではこのモデルを**多対多型割当モデル**とよび, 紹介しよう. 多対多型割当モデルでは P と Q を労働者と雇用者の集合とみなし, それぞれの労働者 $i \in P$ は $\alpha_i > 0$ 単位まで労働を供給でき, それぞれの雇用者 $j \in Q$ は $\beta_j > 0$ 単位まで雇用できるとする (ただし $\alpha_i, \beta_j \in \mathbf{Z}$ とする). 組 (i, j) は単位時間あたり $c_{ij} (= a_{ij} + b_{ij})$ の収益を上げるとする. 多

対多型割当モデルではマッチングを考える代わりに，j が i を雇用する時間を意味する x_{ij} からなるベクトルを用いる (このベクトルを**労働割当**とよぶことにする)．労働割当 $x \in \mathbf{Z}^E$ が実行可能であるとは，$x \geq \mathbf{0}$ かつ次の 2 条件が成立することである．

$$\sum_{j \in Q} x_{ij} \leq \alpha_i \qquad (i \in P) \tag{3.3}$$

$$\sum_{i \in P} x_{ij} \leq \beta_j \qquad (j \in Q) \tag{3.4}$$

任意の部分集合 $P' \subseteq P$ と $Q' \subseteq Q$ に対して，$c(P', Q')$ をすべての実行可能な労働割当の中での $\sum_{i \in P'} \sum_{j \in Q'} c_{ij} x_{ij}$ の最大値とする．すなわち，

$$c(P', Q') = \max \left\{ \sum_{i \in P'} \sum_{j \in Q'} c_{ij} x_{ij} \,\middle|\, (3.3), (3.4), x \geq \mathbf{0} \right\}$$

とする．$c(P', Q')$ は提携 $P' \cup Q'$ が生む最大収益を意味する．一方，$q \in \mathbf{R}^P$ と $r \in \mathbf{R}^Q$ を合わせて**貨幣割当**とよび，

$$q \geq \mathbf{0}, \qquad r \geq \mathbf{0}, \qquad q(P) + r(Q) \leq c(P, Q)$$

を満たすとき**実行可能**という．ただし，$q(P) = \sum_{i \in P} q_i, r(Q) = \sum_{j \in Q} r_j$ である．実行可能な貨幣割当 (q, r) で

$$q(P') + r(Q') \geq c(P', Q') \qquad (P' \subseteq P, \ Q' \subseteq Q) \tag{3.5}$$

を満たすものの全体を**コア**とよぶ．コアは貨幣割当に関する概念であるが，コアの元とそれに対応する労働割当の組を考えたとき，コアは 1 人の労働者と 1 人の雇用者の組ばかりでなく任意の提携を考慮している点で，第 3.1 節での安定解よりも強い条件を満たしている．多対多型割当モデルではコアが存在するかしないかが 1 つの興味の対象となる．

Sotomayor[82)] は輸送問題

$$\text{最大化} \quad \sum_{(i,j) \in E} c_{ij} x_{ij}$$

$$\text{制約} \quad (3.3), (3.4), x \geq \mathbf{0}$$

の双対最適解からコアの元が次のように導かれることを示した．まず上の輸送問題の双対問題は，

$$\text{最小化} \quad \sum_{i \in P} \alpha_i y_i + \sum_{j \in Q} \beta_j z_j$$
$$\text{制約} \quad y_i + z_j \geq c_{ij} \ ((i,j) \in E), \ y, z \geq \mathbf{0}$$

となる．この双対問題の最適解を (y^*, z^*) とすると，これは $c(P', Q')$ を定義する線形計画問題の双対問題の実行可能解となる．よって線形計画問題に対する双対定理より

$$\sum_{i \in P'} \alpha_i y_i^* + \sum_{j \in Q'} \beta_j z_j^* \geq c(P', Q')$$

が成立する．ここで，$q_i^* = \alpha_i y_i^* \ (i \in P)$, $r_j^* = \beta_j z_j^* \ (j \in Q)$ と定めると，上の不等式より (q^*, r^*) に対して (3.5) が成立し，$y^*, z^* \geq \mathbf{0}$ と双対定理より

$$q^* \geq \mathbf{0}, \qquad r^* \geq \mathbf{0}, \qquad \sum_{i \in P} q_i^* + \sum_{j \in Q} r_j^* = c(P, Q)$$

が成立するので，(q^*, r^*) は実行可能貨幣割当である．すなわち，(q^*, r^*) はコアの元となる．また上の議論は，輸送問題とその双対問題が常に最適解をもつ事実から，コアが非空であることを導く．

上記では，輸送問題の双対最適解からコアの元の存在が導かれることを示したが，多対多型割当モデルでは逆は一般に成立しない．すなわち，輸送問題の双対最適解に対応しないコアの元も存在する．Sotomayor[82] は次のような非常に単純な例を示している．

例 3.3 $P = \{i\}$, $Q = \{j\}$, $\alpha_i = 1$, $\beta_j = 2$, $c_{ij} = 4$ という場合を考える．このとき，コアは $\{(q, 4-q) \mid 0 \leq q \leq 4\}$ となる．一方，この場合の輸送問題の双対問題は，唯一の最適解 $(y^*, z^*) = (4, 0)$ をもち，対応するコアの元は $(4, 0)$ のみである． ∎

第 3.2 節では，割当モデルの安定解全体は，対応する割当問題 (3.1) とその双対問題 (3.2) の最適解の全体集合と一致することを述べた．多対多型割当モデルでは，割当問題の多対多への拡張版である輸送問題の双対最適解からコアの元を

構成できること，しかし逆は必ずしも成立しないことを述べた．割当問題 (3.1) の制約条件は，(3.3) と (3.4) において $\alpha_i = 1$ $(i \in P)$ と $\beta_j = 1$ $(j \in Q)$ としたものであるから，上記のように割当モデルにもコアが定義できる．では，(通常の) 割当モデルにおけるコアと安定解での貨幣割当全体の集合には差があるのだろうか．実はこれらには差はなく，以下のように割当モデルにおいては 1 人の男性と 1 人の女性からなる提携のみでコアが定まることが分かる．(q,r) を割当モデルでのコアの元とする．(q,r) の実行可能性より，$q, r \geq \mathbf{0}$ である．また $i \in P$ と $j \in Q$ からなる提携に対する条件 (3.5) より，$q_i + r_j \geq c(\{i\}, \{j\}) = c_{ij}$ を得る．すなわち，(q,r) は (3.2) の実行可能解となる．また，提携 (P,Q) に対する条件 (3.5) と (q,r) の実行可能性より，$q(P) + r(Q) = c(P,Q)$ を得る．この事実と線形計画問題に対する双対定理より，(q,r) は (3.2) の最適解である．

3.4 M♮凹割当モデル

本節では，割当モデルや多対多型割当モデルをさらに一般化することを考える．このモデルを M♮凹割当モデルとよぶことにする．以下では P を労働者集合とし，Q を雇用者集合として説明しよう．

労働者と雇用者の組全体からなる集合を E，すなわち $E = P \times Q$ とする．前節までと同様に労働者が供給するあるいは雇用者が需要する労働時間は離散的とし，整数単位で扱うとする．また，それぞれの労働者 $i \in P$ は複数単位の労働時間を供給できるとし，それぞれの雇用者 $j \in Q$ は複数の労働者を雇用し，また同一労働者を複数単位で雇用できるとする．雇用者 j が労働者 i を雇用する時間単位数を $x(i,j)$ とし，労働割当をベクトル $x = (x(i,j) : (i,j) \in E) \in \mathbf{Z}^E$ を用いて表現する．それぞれの労働者 i に対して $E_{(i)} = \{i\} \times Q$ とし，それぞれの雇用者 j に対して $E_{(j)} = P \times \{j\}$ と定める．ベクトル $y \in \mathbf{R}^E$ とそれぞれの主体 $k \in P \cup Q$ に対して，y の $E_{(k)}$ への制限を $y_{(k)}$ と表記する．例えば，労働割当 $x \in \mathbf{Z}^E$ に対して，$x_{(k)}$ は x における k の労働割当を表現している．

それぞれの主体 $k \in P \cup Q$ は，k に割り当てられた労働時間を貨幣価値に換算した評価関数を用いて評価できると仮定する．ただし，この評価関数は他の主体の労働時間の割当には依存せず，自分自身に関する労働時間の割当のみに

3.4 M♮凹割当モデル

よるとする.すなわち,それぞれの主体 $k \in P \cup Q$ は,$E_{(k)}$ 上で定義される評価関数 $f_k : \mathbf{Z}^{E_{(k)}} \to \mathbf{R} \cup \{-\infty\}$ をもつとする.また,それぞれの評価関数 f_k は以下の前提条件を満たすと仮定する.

(A) $\mathrm{dom}\, f_k$ は有界,遺伝的で $\mathbf{0}$ を最小点としてもつ

ここで**遺伝的**とはすべての $y, y' \in \mathbf{Z}^{E_{(k)}}$ に対して,$\mathbf{0} \leq y' \leq y \in \mathrm{dom}\, f_k$ ならば $y' \in \mathrm{dom}\, f_k$ が成立することを意味する.実効定義域の有界性はそれぞれの評価関数が雇用者の予算制約や労働者の労働時間に関する制約を暗に含んでいることを意味している.また,実効定義域が遺伝的であることは,それぞれの主体は (契約前であれば) 相手の許可なく労働時間を減らすことができることを意味している.$\mathbf{0}$ は,雇用者が誰も雇わないこと,あるいは労働者がまったく働かないことを意味している.ベクトル $x \in \mathbf{Z}^E$ がすべての $k \in P \cup Q$ に対して $x_{(k)} \in \mathrm{dom}\, f_k$ を満たすとき,x を実行可能労働割当という.本節のモデルの入力は $(P, Q, f_k (k \in P \cup Q))$ であるが,特にすべての f_k が M♮凹関数であるときこのモデルを**M♮凹割当モデル**とよぶことにする.

例えば,評価関数を

$$f_i(y) = \begin{cases} \displaystyle\sum_{j \in Q} a_{ij} y_{ij} & (y \geq \mathbf{0},\ \sum_{j \in Q} y_{ij} \leq 1) \\ -\infty & (その他) \end{cases} \quad \begin{pmatrix} i \in P, \\ y \in \mathbf{Z}^{E(i)} \end{pmatrix} \quad (3.6)$$

$$f_j(y) = \begin{cases} \displaystyle\sum_{i \in P} b_{ij} y_{ij} & (y \geq \mathbf{0},\ \sum_{i \in P} y_{ij} \leq 1) \\ -\infty & (その他) \end{cases} \quad \begin{pmatrix} j \in Q, \\ y \in \mathbf{Z}^{E(j)} \end{pmatrix} \quad (3.7)$$

と定義すると,それぞれの労働者 i は 1 人の雇用者 j と組んだときのみ収益 a_{ij} をあげ,誰にも雇われないときは収益 0 でその他の労働割当は許容せず,さらにそれぞれの雇用者 j は 1 人の労働者 i と組んだときのみ収益 b_{ij} をあげ,誰も雇わないときは収益 0 でその他の労働割当は許容しないとみなせる.すなわち,評価関数 (3.6) と (3.7) は第 3.1 節の割当モデルに対応した評価関数になっている.また,これらは前提条件 (A) を満たしている.さらに,(3.6) と (3.7) は,第 2.2 節の例 2.4 の特殊な場合であり M♮凹関数である[*2].同様に

[*2] 例えば f_i に関しては,空集合と $E_{(i)}$ の単元集合からなる集合族を考えるとこれはマトロイドの独立集合族となる.

$$f_i(y) = \begin{cases} 0 & (y \geq \mathbf{0},\ \sum_{j \in Q} y_{ij} \leq \alpha_i) \\ -\infty & (\text{その他}) \end{cases} \quad \begin{pmatrix} i \in P, \\ y \in \mathbf{Z}^{E(i)} \end{pmatrix} \quad (3.8)$$

$$f_j(y) = \begin{cases} \sum_{i \in P} c_{ij} y_{ij} & (y \geq \mathbf{0},\ \sum_{i \in P} y_{ij} \leq \beta_j) \\ -\infty & (\text{その他}) \end{cases} \quad \begin{pmatrix} j \in Q, \\ y \in \mathbf{Z}^{E(j)} \end{pmatrix} \quad (3.9)$$

と定めると,これらは第 3.3 節の多対多型割当モデルに対応した評価関数であり,これらも M♮ 凹関数である.

M♮ 凹割当モデルでは,割当モデルと同様に P の主体と Q の主体の間の利益の移動を許すとする.ここでは,雇用者 j が労働者 i を雇用するときは,j から i に給与を支払うとする.また単位時間あたりの給与額も前もって固定されたものではないとする.単位時間あたりの給与額を,ベクトル $s \in \mathbf{R}^E$ を用いて表す.実行可能労働割当 $x \in \mathbf{Z}^E$ と給与ベクトル $s \in \mathbf{R}^E$ の組 (x, s) を実行可能解とよぶことにする.

それぞれの主体 $k \in P \cup Q$ の評価関数 f_k と給与ベクトル s に関して,k の利得関数を以下のように定義する.労働者 $i \in P$ の解 (x, s) に関する利得を

$$(f_i + s_{(i)})(x_{(i)}) = f_i(x_{(i)}) + \sum_{j \in Q} s(i,j) x(i,j)$$

と定める.この値は i の労働割当 x に関する貨幣価値に i の労働による総収入を加えたものである.一方,雇用者 $j \in Q$ の解 (x, s) に関する利得を

$$(f_j - s_{(j)})(x_{(j)}) = f_j(x_{(j)}) - \sum_{i \in P} s(i,j) x(i,j)$$

と定める.この値は,j の労働割当 x に関する貨幣価値に j が労働者を雇用することで支払う給与の総額を引いたものである.

実行可能解 (x, s) に関して,どの主体も現在の給与 s のもとで労働時間を x から減らす動機を (労働時間を減らしても利得が増加することはないという意味で) もたないとき,すなわち以下が成立するとき

$$(f_i + s_{(i)})(x_{(i)}) = \max\{(f_i + s_{(i)})(y) \mid y \leq x_{(i)}\} \quad (i \in P) \quad (3.10)$$

$$(f_j - s_{(j)})(x_{(j)}) = \max\{(f_j - s_{(j)})(y) \mid y \leq x_{(j)}\} \quad (j \in Q) \quad (3.11)$$

(x, s) は**動機制約**を満たすという.

次に安定性の定義を与えよう. ベクトル $s \in \mathbf{R}^E$, 実数 $\alpha \in \mathbf{R}$, 労働者 $i \in P$, 雇用者 $j \in Q$ に対して, $(s_{(i)}^{-j}, \alpha)$ は $s_{(i)}$ の (i, j) 成分のみを α に置き換えて得られるベクトルを表すとする. また $(s_{(j)}^{-i}, \alpha)$ も同様に定義する. 実行可能解 (x, s) が**不安定**であるとは, (x, s) が動機制約を満たさないか, あるいはある労働者 $i \in P$, 雇用者 $j \in Q$, j から i の新たな給与 $\alpha \in \mathbf{R}$, i と j に関する労働割当 $y' \in \mathbf{Z}^{E(i)}$ と $y'' \in \mathbf{Z}^{E(j)}$ が存在し, 以下の条件が成立することと定義する.

$$(f_i + s_{(i)})(x_{(i)}) < (f_i + (s_{(i)}^{-j}, \alpha))(y') \tag{3.12}$$

$$y'(i, j') \leq x(i, j') \qquad (j' \in Q \setminus \{j\}) \tag{3.13}$$

$$(f_j - s_{(j)})(x_{(j)}) < (f_j - (s_{(j)}^{-i}, \alpha))(y'') \tag{3.14}$$

$$y''(i', j) \leq x(i', j) \qquad (i' \in P \setminus \{i\}) \tag{3.15}$$

$$y'(i, j) = y''(i, j) \tag{3.16}$$

雇用者 j から労働者 i への単位時間あたりの給与を $s(i, j)$ から α に変更したとき, 条件 (3.12) と (3.13) は, 労働者 i が j 以外の雇用者との労働時間を増やすことなく, j に対する労働時間を変更することで利得を厳密に増やすことができることを意味している. また, 条件 (3.14) と (3.15) は, 雇用者 j が i 以外の労働者の雇用時間を増やすことなく, i の雇用時間を変更することで利得を厳密に増やすことができることを意味している. さらに, 条件 (3.16) は, i と j が両者間の労働時間について合意していることを意味している. すなわち, (x, s) が不安定であるとは, 1 主体が労働割当を減らすことで利得を厳密に増加させることができるか, 雇用者と労働者の 1 組が両者間の給与とそれぞれの労働時間を変更することで両者の利得を厳密に増加させることができる状態である. 実行可能解 (x, s) が不安定でないとき, これを**安定**であるという.

例 3.4 (割当モデルとの関係) 割当モデル, すなわち評価関数が (3.6) と (3.7) で定義される場合について, 割当モデルでの安定性と上記の安定性の関係について考えてみよう. まず, (X, q, r) を割当モデルの安定解とする. $x = \chi_X$ とし, すべての $(i, j) \in E$ について $s_{ij} = b_{ij} - r_j$ とし s を定める. $(i, j) \in X$

に対して, $(f_i + s_{(i)})(x_{(i)}) = a_{ij} + s_{ij} = a_{ij} + b_{ij} - r_j = q_i \geq 0$ (最後の等号は (a2) より) と $(f_j - s_{(j)})(x_{(j)}) = b_{ij} - s_{ij} = r_j \geq 0$ となり, 不飽和な主体 $k \in P \cup Q$ に対して, $(f_k + s_{(k)})(x_{(k)}) = (f_k + s_{(k)})(\mathbf{0}) = 0$ となるため, (x, s) は動機制約を満たす. 仮に (x, s) に対して (3.12)〜(3.16) を満たす (i, j), α, y', y'' が存在したとすると $(f_i + (s_{(i)}^{-j}, \alpha))(y') = a_{ij} + \alpha > q_i$ かつ $(f_j - (s_{(j)}^{-i}, \alpha))(y'') = b_{ij} - \alpha > r_j$ となり, 割当モデルの安定性条件 (a4) に矛盾する. よって (x, s) は $\mathrm{M}^\natural$ 凹割当モデルの安定解である. 逆に, $\mathrm{M}^\natural$ 凹割当モデルの安定解 (x, s) に対して, $X = \{(i, j) \in E \mid x(i, j) = 1\}$ はマッチングである. これは以下のように割当モデルでの安定性を満たす. すべての $(i, j) \in X$ に対して $q_i = (f_i + s_{(i)})(x_{(i)}) = a_{ij} + s_{ij}$, $r_j = (f_j - s_{(j)})(x_{(j)}) = b_{ij} - s_{ij}$ と定め, 不飽和な i と j に対しても $q_i = (f_i + s_{(i)})(x_{(i)}) = (f_i + s_{(i)})(\mathbf{0}) = 0$, $r_j = (f_j - s_{(j)})(x_{(j)}) = (f_j - s_{(j)})(\mathbf{0}) = 0$ と定める. (x, s) は動機制約を満たすことより, $q, r \geq \mathbf{0}$ である. さらに (a4) の残りの条件を満たすことも上記の説明と同様に示せる. よって (X, q, r) は割当モデルの安定解である. 以上の議論より, 評価関数が (3.6) と (3.7) であるとき, $\mathrm{M}^\natural$ 凹割当モデルの安定性は割当モデルの安定性と一致する. ∎

3.5 $\mathrm{M}^\natural$ 凹割当モデルにおける安定解の存在証明

本節では, 評価関数が前提条件 (A) を満たす $\mathrm{M}^\natural$ 凹関数である場合に安定解が存在することを示す.

ここで存在定理の証明の道具として, 上記で定義した不安定性より弱い不安定性の概念と, これに付随する強い安定性の概念を導入する. これらの概念は多少人工的ではあるが, 元々の安定性とも深い関わりをもつ.

実行可能解 (x, s) に対して, これが動機制約を満たさないか, あるいはある労働者 $i \in P$, 雇用者 $j \in Q$, j から i の新たな給与 $\alpha \in \mathbf{R}$, i と j に関する労働割当 $y' \in \mathbf{Z}^{E(i)}$ と $y'' \in \mathbf{Z}^{E(j)}$ が存在し, (3.12)〜(3.15) が成立するとき (必ずしも (3.16) を満たす必要はない), (x, s) を準不安定であるという. 条件 (3.16) の要請なしで, 条件 (3.12)〜(3.15) は, i と j は両者間の労働時間の合意はないが, それぞれの思惑のもとで両者間の給与とそれぞれの労働割当を変更

することで利得を厳密に増加させられることを意味している. また, 実行可能解 (x,s) が準不安定でないとき, 厳安定であるという. 安定性に関する2つの概念を導入したが, 定義から不安定ならば準不安定であるから, 厳安定ならば安定である.

例 3.5 $E = \{(i,j)\}$ であり,

$$f_i(x) = \begin{cases} x & (x \in \{0,1,2\}) \\ -\infty & (その他) \end{cases} \quad (x \in \mathbf{Z})$$

$$f_j(x) = \begin{cases} x & (x \in \{0,1,2,3\}) \\ -\infty & (その他) \end{cases} \quad (x \in \mathbf{Z})$$

の場合を考える. このとき, 実行可能解 $(x,s) = (2,0)$ は厳安定ではない. その理由は, すべての $\epsilon \in (0, 1/3)$ に対して, $f_i(2) < (f_i + \epsilon)(2)$ かつ $f_j(2) < (f_j - \epsilon)(3)$ である. しかし, この実行可能解は安定解である. 一方, 実行可能解 $(x,s) = (2,1)$ は厳安定であり, ゆえに安定解でもある. ∎

例 3.5 のように厳安定と安定という概念にはギャップがあるが, 労働割当に関しては厳安定と安定には以下のようにギャップがない. 実行可能労働割当 x に対して, (厳) 安定となる解 (x,s) が存在するとき, x が (厳) 安定労働割当であるという. 次の定理のようにある種の前提のもとでは, 安定労働割当は必ず厳安定労働割当となる[*3].

定理 3.3 それぞれの主体 $k \in P \cup Q$ の評価関数 f_k が $\mathrm{M}^{\natural}$ 凹関数であり, 前提条件 (A) を満たすとする. このとき, 任意の安定労働割当 x に対して, (x,s) が厳安定解となるような給与ベクトル s が存在する.

厳安定労働割当の新たな特徴付けを与えよう. 定理 3.3 より, これは安定労働割当の特徴付けでもある[*4].

定理 3.4 それぞれの主体 $k \in P \cup Q$ に対して, 評価関数 f_k が $\mathrm{M}^{\natural}$ 凹関数であり, 前提条件 (A) を満たすとする. このとき, 実行可能労働割当 x が (厳) 安

[*3] 後の第 5.2 節で, 定理 3.3 は定理 5.2 へと一般化される.
[*4] 後の第 5.3 節で, 定理 3.4 は定理 5.5 へと一般化される.

定であるための必要十分条件は以下の条件を満たす $p \in \mathbf{R}^E$ が存在することである[*5].

$$x_{(i)} \in \arg\max(f_i + p_{(i)}) \qquad (i \in P) \qquad (3.17)$$
$$x_{(j)} \in \arg\max(f_j - p_{(j)}) \qquad (j \in Q) \qquad (3.18)$$

さらに，上の条件を満たす任意の x, p に対して (x, p) は厳安定解となる．

$f_i\ (i \in P)$ と $f_j\ (j \in Q)$ の直和をそれぞれ f_P と f_Q とすると，すなわち，

$$f_P(x) = \sum_{i \in P} f_i(x_{(i)}) \qquad (x \in \mathbf{Z}^E)$$
$$f_Q(x) = \sum_{j \in Q} f_j(x_{(j)}) \qquad (x \in \mathbf{Z}^E)$$

とすると，f_P, f_Q は前提条件 (A) を満たす M♮凹関数となる．さらに，条件 (3.17) と (3.18) は，

$$x \in \arg\max(f_P + p) \cap \arg\max(f_Q - p)$$

と書き換えられる．ここで定理 2.10 を用いると，定理 3.4 は以下のように書き換えられる．

定理 3.5 それぞれの主体 $k \in P \cup Q$ に対して，評価関数 f_k が M♮凹関数であり，前提条件 (A) を満たすとする．このとき，実行可能労働割当 x が (厳) 安定であるための必要十分条件は

$$x \in \arg\max(f_P + f_Q)$$

となることである．ただし，f_P は $f_i\ (i \in P)$ の直和で，f_Q は $f_j\ (j \in Q)$ の直和とする．

f_P も f_Q も前提条件 (A) を満たすので，$\arg\max(f_P + f_Q)$ は有界非空である．このことより，(厳) 安定解の存在が直ちに導かれる．

[*5] $k \in P \cup Q$ について $p_{(k)}$ は p の $E_{(k)}$ への制限を意味する．

定理 3.6 それぞれの主体 $k \in P \cup Q$ について評価関数 f_k が $\mathrm{M}^{\natural}$ 凹関数であり, 前提条件 (A) を満たすとする. このとき, (厳) 安定解 (x, s) が存在する.

上記の議論の流れは, 安定解集合が対応する最適化問題の最適解集合と一致し, 後者は非空であるというものである. これは, 割当モデルでの安定解の存在証明と同種のものである. 第 3.3 節では多対多型割当モデルのコアを扱ったが, $\mathrm{M}^{\natural}$ 凹評価関数 (3.8) と (3.9) に対する厳安定解 (x, s) から

$$q_i = (f_i + s_{(i)})(x_{(i)}) = \sum_{j: x_{ij} > 0} s_{ij} x_{ij} \qquad (i \in P)$$

$$r_j = (f_j - s_{(j)})(x_{(j)}) = \sum_{i: x_{ij} > 0} (c_{ij} - s_{ij}) x_{ij} \qquad (j \in Q)$$

と定めることでコアに属する貨幣割当 (q, r) も得られる.

4 安定結婚モデルとその拡張

Gale–Shapley[33] による安定結婚モデルには種々のバリエーションがあるが，第 4.1 節ではまず包括的なモデルの 1 つを紹介する．安定結婚モデルには，安定マッチングが存在することが知られているが，その証明法には大きく分けて 2 種類ある．第 1 の証明法は Gale–Shapley が提案した安定マッチングを求めるアルゴリズムであり，第 2 の証明法は不動点定理を用いる方法である．第 4.2 節では Gale–Shapley が提案したアルゴリズムと安達[2] による不動点定理を用いた証明を紹介する．第 4.3 節では Fleiner[23] による安定結婚モデルをマトロイド上に拡張したモデルを紹介する．第 4.4 節では評価関数を導入した安定結婚モデルの拡張を与え，第 4.5 節ではそのモデルでの安定割当の存在を示す．第 4.6 節では Hatfield–Milgrom[36] による契約の集合上での代替性を有する選好順序をもつモデルを紹介し，第 4.7 節では Hatfield–Milgrom モデルと他のモデルの関係を議論する．どのモデルにおいても安定性の概念を導入し，その存在が主結果となる．

4.1 安定結婚モデル

安定結婚モデルでは，互いに素な主体の有限集合 P と Q が与えられ，それぞれの主体は反対側の主体に対して選好順序を付ける．ただし，選好において非許容な主体や同程度に好むことを許すとする．本節では，P を男性集合とし，Q を女性集合として説明する．割当モデルの入力との統一をとるために，以下のように 2 つのベクトル $a = (a_{ij} \in \mathbf{R}_+ \cup \{-\infty\} : (i,j) \in E)$ と $b = (b_{ij} \in \mathbf{R}_+ \cup \{-\infty\} : (i,j) \in E)$ を用いて，主体の選好順序を表現する．こ

こで E は P と Q の元の組全体, すなわち $E = P \times Q$ とする. 男性 $i \in P$ が女性 $j \in Q$ と組むことを許容できるとき $a_{ij} \geq 0$ とし, それ以外のとき $a_{ij} = -\infty$ とする. $a_{ij} > a_{ij'}$ が成立するとき, i は女性 $j \in Q$ を女性 $j' \in Q$ よりも好むとみなし, $a_{ij} = a_{ij'}$ であるとき i は j と j' を同程度に好むとみなし, i にとって j と j' は無差別であるともいう. Q の主体に対してもベクトル b を用いて選好順序を表現する. 以上のように安定結婚モデルの入力は, 割当モデルと同様に (P, Q, a, b) とする.

安定結婚モデルでは, マッチング (E の部分集合でそれぞれの主体が高々 1 度含まれるもの) の安定性が中心的話題となる. マッチング X に対して, $k \in P \cup Q$ を含む組が X に存在するとき k は X において飽和であるといい, それ以外のとき k は X において不飽和であるという. X に含まれない組 (i, j) について, 次のうちどれかが成立したとき (i, j) を X に対するブロッキング対という.

① X において i と j はともに飽和であり, X のパートナーよりも互いに好きな場合

② X において i は飽和で j は不飽和であり, i は X のパートナーより j が好きで, j は i を許容する場合

③ X において i は不飽和で j は飽和であり, i は j を許容し, j は X のパートナーよりも i が好きな場合

④ X において i と j はともに不飽和で, 互いに許容する場合

マッチング内の組が互いに許容な主体同士からなり, かつブロッキング対が存在しないとき, このマッチングは**安定**であるという[*1)].

上記のマッチングの安定性は, 割当モデルと似た形で以下のように記述することができる. ここでは, 利得を表現する 2 つのベクトル $q \in \mathbf{R}^P$ と $r \in \mathbf{R}^Q$ を導入することにより, $X \subseteq E, q, r$ からなる (X, q, r) が安定であることを次のように定義する.

(m1) X はマッチングである

(m2) すべての $(i, j) \in X$ に対し, $q_i = a_{ij}$ かつ $r_j = b_{ij}$

[*1)] 無差別を許す場合には, いくつかの安定性の概念が提案されている. ここでの安定性の概念は, 一般には弱安定とよばれるものであるが, 本書ではこの概念しか用いないため単に安定とよぶことにする.

(m3)　i が X において不飽和ならば $q_i = 0$, j が X において不飽和ならば $r_j = 0$

(m4)　$q, r \geq \mathbf{0}$, かつ任意の $(i,j) \in E$ に対し $q_i \geq a_{ij}$ または $r_j \geq b_{ij}$

(m1) は主体のパートナーシップは異性同士で特にマッチングに限ること, すなわちそれぞれの主体は高々1名の異性としか組めないことを意味している. (m2) は, X 内の組 (i,j) では, i と j は自分の選好順序を表現する a_{ij} と b_{ij} を別々に q_i と r_j として受け取る[*2]. (m2) より q と r は X より一意に定まるので不要であるが, 割当モデルと形式を合わせるために導入している. 通常は, X を単に安定マッチングとよぶ. (m3) は, パートナーがいない主体は利得が 0 であることを意味し, 安定結婚モデルではそれぞれの主体は1人では正の利得を生むことができず, 異性と組むことによってのみ正の利得を得られるとしている. 安定性の本質は (m4) であり, すべての主体の利益は非負であり, さらにパートナーシップを構築することで両者の利得が増すような組 $(i,j) \notin X$ が存在しないことを主張している. 例えば i が X において飽和しているとき, i にとって X でのパートナーと j が無差別である場合には, i は j とのパートナーシップを改めて構築する動機をもたないとみなしていることに注意されたい. 同様に j が X において飽和しているとき, j にとって X でのパートナーと i が無差別である場合には, j は i とのパートナーシップを改めて構築する動機をもたないとみなす.

例 4.1　第 3.1 節の割当モデルの例 3.1 と同様に $P = \{\spadesuit, \clubsuit, \star\}$, $Q = \{\heartsuit, \diamondsuit\}$ とし, 選好順序を表すベクトル a, b を次のように定めたものを考える.

$$a = \begin{array}{c} \\ \spadesuit \\ \clubsuit \\ \star \end{array} \begin{pmatrix} \heartsuit & \diamondsuit \\ 2 & 1 \\ -\infty & 1 \\ 2 & 3 \end{pmatrix} \qquad b = \begin{array}{c} \\ \spadesuit \\ \clubsuit \\ \star \end{array} \begin{pmatrix} \heartsuit & \diamondsuit \\ 1 & 3 \\ -\infty & 2 \\ 1 & 1 \end{pmatrix}$$

図 4.1 にも入力を表現する2部グラフを描いた. 安定結婚モデルにおける安定性の概念を確認すると同時に, 割当モデルと安定結婚モデルにおける安定性の

[*2] 第 3 章の割当モデルでは, i と j は総収益 $a_{ij} + b_{ij}$ を q_i と r_j に分け合う. この点が割当モデルと安定結婚モデルの最大の違いである.

4.1 安定結婚モデル

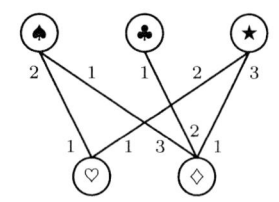

図 4.1 例 4.1 の入力を表現した 2 部グラフ
辺は互いに許容な組を表し,頂点の近くの数字はそれぞれ a と b を表している.

概念の違いについてもみてみよう.

この例において,次のマッチングは安定である (q と r はマッチングから一意的に定まるので省略する).

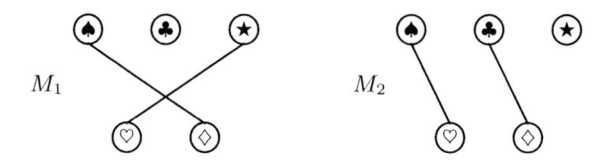

M_1 は,女性 ♡ も ◇ も最良の男性と結ばれているので,安定である.M_2 では,男性 ♠ と ♣ は最良の女性と結ばれているので,ブロッキング対になりえるのは不飽和な男性 ★ を含む (★, ♡) と (★, ◇) のみであるが,女性 ♡ にとって ★ と ♠ は無差別であり,女性 ◇ にとって ♣ の方が ★ より好きなので,これらはブロッキング対ではない.すなわち,M_2 も安定である.

一方,次のマッチングはグレーの線の組がブロッキング対となり,安定ではない.

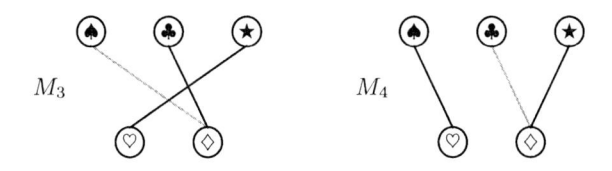

上記以外のマッチング,すなわち組数が 1 以下のマッチングはどれも安定にはならない.

最後に例 3.1 の結果と比べてみよう.4 つのマッチングをそれぞれ図示しているが,双方で安定なもの (M_1),双方で不安定なもの (M_3),一方のみで安定

で他方で不安定なもの (M_2 と M_4 の状況が例 3.1 とは入れ替わっている) がそろっている．この事実より，割当モデルと安定結婚モデルにおける安定性は完全に独立な概念であることが分かる． ■

例 4.1 に限らず，どのような入力に対しても安定結婚モデルは安定解をもつ．

定理 4.1[33]　安定結婚モデルの任意の入力 (P, Q, a, b) に対して，安定な (X, q, r) が存在する．

4.2　安定結婚モデルにおける安定マッチングの存在証明

本節では定理 4.1 の証明法を 2 種類紹介する．

4.2.1　Gale–Shapley アルゴリズム

Gale–Shapley[33] による構成的な証明を紹介しよう．Gale–Shapley[33] は，無差別を考えない場合を扱っているが，彼らの提案したアルゴリズムは無差別を許す場合へも素直に拡張できる．以下では無差別を許す形で記述する．

◇ **Gale–Shapley アルゴリズム**────────────
入　力　　(P, Q, a, b)；
出　力　　安定マッチング X；
　$X := \emptyset$；
　for $i \in P$ {
　　$Q(i) := \{j \in Q \mid a_{ij} \geq 0$ かつ $b_{ij} \geq 0\}$；
　}；
　while $\exists i \in P : i$ は X において不飽和かつ $Q(i) \neq \emptyset$ {
　　for $i \in P : i$ は X において不飽和かつ $Q(i) \neq \emptyset$ {
　　　$Q(i)$ の中で最良の 1 人にプロポーズする；
　　}；
　　for $j \in Q$ {
　　　プロポーズされた男性で最良の 1 人を除き，プロポーズを断る；

j へのプロポーズを断られた $i \in P$ について $Q(i)$ から j を除く；
    };
    プロポーズを断られていない男性とその相手の組全体を X とする；
};
output X.

上記のアルゴリズム中で最良の 1 人を選ぶ場合に，無差別な異性が複数いた場合はその誰を選んでもよい．アルゴリズムの実行中では X は (プロポーズを断られていない男性とその相手の集合なので) 常にマッチングであり，最終的に出力される X は安定であることが保証される．

例 4.2 例 4.1 の入力に対して，Gale–Shapley アルゴリズムを実行してみる．第 1 反復では，男性 ♠ は女性 ♡ にプロポーズする (これを ♠ ⟶ ♡ と表記する)．他の男性の行動もまとめると

$$\spadesuit \longrightarrow \heartsuit, \quad \clubsuit \longrightarrow \diamondsuit, \quad \bigstar \longrightarrow \diamondsuit$$

という状況である．女性 ◇ は 2 人の男性からプロポーズされているので，その中で (自分にとって) 最良の男性 ♣ を選ぶ．第 2 反復では，不飽和な男性 ★ が女性 ♡ にプロポーズする．プロポーズの状況をまとめると次のようになる．

$$\spadesuit \longrightarrow \heartsuit, \quad \clubsuit \longrightarrow \diamondsuit, \quad \bigstar \longrightarrow \heartsuit$$

女性 ♡ は 2 人の男性からプロポーズされているが，♡ にとってこの 2 人は無差別であり，アルゴリズムではどちらを選んでもよいことになっている．もし ♡ が先にプロポーズしてきた男性 ♠ を選んだならば，例 4.1 の安定マッチング M_2 を得て終了する (不飽和になった男性 ★ にはプロポーズするべき女性がいない)．もし ♡ が ★ を選んだならば，アルゴリズムはさらに続く．第 3 反復では，不飽和な男性 ♠ が女性 ◇ にプロポーズする．状況は次のようになる．

$$\spadesuit \longrightarrow \diamondsuit, \quad \clubsuit \longrightarrow \diamondsuit, \quad \bigstar \longrightarrow \heartsuit$$

女性 ◇ は 2 人の男性からプロポーズされているので，その中で最良の男性 ♠ を選び，例 4.1 の安定マッチング M_1 を得て終了する (不飽和になった男性 ♣ にはプロポーズするべき女性がいない)． ∎

4.2.2 不動点定理を用いた証明

安達[2]による Tarski の不動点定理 (付録 B.2 の定理 B.1) を用いた証明を，ほぼ原著に従って紹介する．この証明法は，第 4.6 節で紹介する Hatfield–Milgrom[36] に直接的な動機付けも与えた優れた結果である．

ここでは，それぞれの主体のもつ選好順序は全順序関係であるとして議論をする．このようにしても安定マッチングの存在については一般性を失わない．なぜならば，無差別な異性間に適当な全順序関係を与えることで無差別を除いた選好順序での安定マッチングは元の無差別を許す選好順序での安定マッチングになるからである．すなわち，任意の $i, i' \in P$ と任意の $j, j' \in Q$ に対して，

$$a_{ij} \neq -\infty \Longrightarrow a_{ij} > 0$$

$$b_{ij} \neq -\infty \Longrightarrow b_{ij} > 0$$

$$a_{ij}, a_{ij'} > 0, \ j \neq j' \Longrightarrow a_{ij} \neq a_{ij'}$$

$$b_{ij}, b_{i'j} > 0, \ i \neq i' \Longrightarrow b_{ij} \neq b_{i'j}$$

を仮定する．記述を安達[2]に合わせるために，以下のような選好順序を導入する．それぞれの $i \in P$ に関する $Q \cup \{i\}$ 上の選好順序 $\succ_i$ を

$$j \succ_i j' \Longleftrightarrow a_{ij} > a_{ij'} \qquad (j, j' \in Q)$$

$$j \succ_i i \Longleftrightarrow a_{ij} > 0 \qquad (j \in Q)$$

と定義し，それぞれの $j \in Q$ に関する $P \cup \{j\}$ 上の選好順序 $\succ_j$ を

$$i \succ_j i' \Longleftrightarrow b_{ij} > b_{i'j} \qquad (i, i' \in P)$$

$$i \succ_j j \Longleftrightarrow b_{ij} > 0 \qquad (i \in P)$$

と定義する．上記の選好順序は，各主体は許容できる異性は自分自身よりも好きで，許容できない異性よりは自分自身の方が好きと解釈する．主体 k に対して記号 $\succeq_k$ を導入し，$l \succeq_k l'$ は $l = l'$ または $l \succ_k l'$ とする．

第 4.1 節では，マッチングを男女対の集合として定義したが，ここでは $P \cup Q$ からそれ自身への全単射 μ で次の条件を満たすものとしてマッチングと定義する．

4.2 安定結婚モデルにおける安定マッチングの存在証明

$$\mu \circ \mu(k) = k \qquad (k \in P \cup Q)$$
$$\mu(i) \neq i \Rightarrow \mu(i) \in Q \qquad (i \in P)$$
$$\mu(j) \neq j \Rightarrow \mu(j) \in P \qquad (j \in Q)$$

マッチングにおいて不飽和な主体 k は $\mu(k) = k$ となるものであり，逆も成り立つと解釈すればよい．安定性の定義 (m1)〜(m4) は，この形式のマッチングを用いると

> (AD1) 任意の $i \in P$ に対し $\mu(i) \succeq_i i$ かつ任意の $j \in Q$ に対し $\mu(j) \succeq_j j$
> (AD2) $j \succ_i \mu(i)$ かつ $i \succ_j \mu(j)$ となる $(i,j) \in E$ は存在しない

と書き換えられる．(m1) と (m2) は μ がマッチングであることに吸収され，(AD1) が (m3) と q, r の非負性に対応し，(AD2) が (m4) の後半に対応する．また，選好順序は全順序関係であるから，(AD2) は以下の (AD2′) に置き換え可能である．

> (AD2′) $[j \succ_i \mu(i)$ かつ $i \succeq_j \mu(j)]$ または $[j \succeq_i \mu(i)$ かつ $i \succ_j \mu(j)]$ となる $(i,j) \in E$ は存在しない

本節の主題は，(AD1) と (AD2) を満たすマッチング μ の存在を示すことであるが，そのためにマッチングの条件を緩めたプレマッチングという概念を導入する．写像 $v_P : P \to P \cup Q$ と $v_Q : Q \to P \cup Q$ が以下の条件を満たすとき，対 $v = (v_P, v_Q)$ をプレマッチングという．

$$[v_P(i) \neq i \Rightarrow v_P(i) \in Q], \qquad [v_Q(j) \neq j \Rightarrow v_Q(j) \in P] \tag{4.1}$$

マッチングとプレマッチングの関係において，

- マッチング μ に対して，$v = (v_P, v_Q)$ を任意の $i \in P$ について $v_P(i) := \mu(i)$ とし，任意の $j \in Q$ について $v_Q(j) := \mu(j)$ としたとき，この $v = (v_P, v_Q)$ はプレマッチングであり，μ がプレマッチング v を定義するという
- プレマッチング $v = (v_P, v_Q)$ に対して，任意の $i \in P$ について $\mu(i) := v_P(i)$ とし，任意の $j \in Q$ について $\mu(j) := v_Q(j)$ とした写像 μ がマッチングであるとき，v が μ を誘導するという

上記の関係より，プレマッチング v がマッチングを誘導する必要十分条件は

$$v_P(i) = j \in Q \Leftrightarrow i = v_Q(j) \in P \tag{4.2}$$

が成り立つことである．

安定マッチング μ が定義するプレマッチングを v とする．μ は (AD1) と (AD2′) で特徴付けられるので，v は

$$v_P(i) \succeq_i i, \qquad v_Q(j) \succeq_j j \qquad (i \in P, j \in Q) \tag{4.3}$$

$$\not\exists (i,j) \in E : [j \succ_i v_P(i),\ i \succeq_j v_Q(j)] \text{ または}$$
$$[j \succeq_i v_P(i),\ i \succ_j v_Q(j)] \tag{4.4}$$

を満たす．ここで，$i \in P$ に対して $\{j \in Q \mid i \succeq_j v_Q(j)\} \cup \{i\}$ という集合内で i にとって最良の主体を j^* とする．v はマッチング μ から定義されるので，$v_P(i) \in Q$ ならば $i = v_Q(v_P(i))$ となり，$v_P(i)$ はこの集合に含まれている．また，$v_P(i) \notin Q$ ならば $v_P(i) = i$ なので，このときも $v_P(i)$ はこの集合に含まれている．仮に $j^* \succ_i v_P(i)$ とすると，(4.3) より $j^* \in Q$ であり，(i, j^*) が (4.4) に反することになる．これは μ が安定であることに矛盾する．すなわち，$v_P(i) = j^*$ を得る．同様の議論が $j \in Q$ に対しても成立し，v は

$$v_P(i) = \max_{\succ_i}\{\{j \in Q \mid i \succeq_j v_Q(j)\} \cup \{i\}\} \qquad (i \in P) \tag{4.5}$$
$$v_Q(j) = \max_{\succ_j}\{\{i \in P \mid j \succeq_i v_P(i)\} \cup \{j\}\} \qquad (j \in Q) \tag{4.6}$$

を満たす．

次に示すように (4.5) と (4.6) を満たすプレマッチングは安定マッチングを誘導する．すなわち，(4.5) と (4.6) は安定マッチングを特徴付けており，この2式はそれぞれの主体が自分を受け入れてくれる人の中で最良の相手を選ぶことが安定性の条件に他ならないことを示している．

以下，(4.5) と (4.6) を満たすプレマッチング v が安定マッチングを誘導することを示そう．$i \in P$ について，$j = v_P(i)$ かつ $j \in Q$ とする．このとき，i は j に関する (4.6) の右辺の集合に含まれるので，仮に $i \succ_j v_Q(j)$ とすると v が (4.6) を満たすことに矛盾する．一方，$v_Q(j) \succ_j i$ と仮定すると，j が i

に関する (4.5) の右辺の集合に含まれず, v が (4.5) を満たすことに矛盾する. 選好順序は全順序関係なので, $i = v_Q(j)$ が導かれる. 同様に, $j \in Q$ について, $i = v_Q(j)$ かつ $i \in P$ とすると $j = v_P(i)$ が成立する. (4.2) が成立するので, v はあるマッチング μ を誘導する. さらに, (4.5) より $i \in P$ に対して $\mu(i) := v_P(i) \succeq_i i$ であり, (4.6) より $j \in Q$ に対して $\mu(j) := v_Q(j) \succeq_j j$ であるから, μ は (AD1) を満たす. 仮に μ が (AD2') を満たさない, すなわちある $(i,j) \in E$ に対して, $[j \succ_i \mu(i) = v_P(i)$ かつ $i \succeq_j \mu(j) = v_Q(j)]$ または $[j \succeq_i \mu(i) = v_P(i)$ かつ $i \succ_j \mu(j) = v_Q(j)]$ と仮定する. 前者の場合は v が (4.5) を満たすことに矛盾し, 後者の場合は v が (4.6) を満たすことに矛盾する. すなわち, μ は (AD2') を満たし, 安定でなければならない.

以上の議論をまとめると次の補題を得る.

補題 4.2 マッチング μ が安定ならば, μ が定義するプレマッチング v は (4.5) と (4.6) を満たす. 逆に (4.5) と (4.6) を満たすプレマッチング v は安定マッチング μ を誘導する.

補題 4.2 より, 安定マッチングの存在を示すことが, (4.5) と (4.6) を満たすプレマッチングの存在を示すことに帰着された[*3].

最後に (4.5) と (4.6) を満たすプレマッチングの存在を Tarski の不動点定理を用いて示す. プレマッチング $v = (v_P, v_Q)$ 全体のなす集合を V とし, V に次のように定義する半順序関係 $\leq$ を導入する.

$$(v_P, v_Q) \leq (v'_P, v'_Q) \iff \begin{bmatrix} v'_P(i) \succeq_i v_P(i) & (i \in P) \\ v_Q(j) \succeq_j v'_Q(j) & (j \in Q) \end{bmatrix}$$

このとき $v, v' \in V$ に対して

$$\inf\{v, v'\}_P(i) = \min_{\succ_i}\{v_P(i), v'_P(i)\} \quad (i \in P)$$
$$\inf\{v, v'\}_Q(j) = \max_{\succ_j}\{v_Q(j), v'_Q(j)\} \quad (j \in Q)$$
$$\sup\{v, v'\}_P(i) = \max_{\succ_i}\{v_P(i), v'_P(i)\} \quad (i \in P)$$
$$\sup\{v, v'\}_Q(j) = \min_{\succ_j}\{v_Q(j), v'_Q(j)\} \quad (j \in Q)$$

[*3] マッチングからプレマッチングへの帰着が安達[2] の優れた着眼点である.

によって，下限 $\inf\{v,v'\}$ と上限 $\sup\{v,v'\}$ が定義できるので $(V, \leq)$ は束をなし，V が有限集合であることより，$(V, \leq)$ は完備束となる．

ここで，V から V への写像 F を (4.5) と (4.6) の右辺を用いて定義する．すなわち，それぞれの $v = (v_P, v_Q) \in V$ に対して

$$F(v)_P(i) = \max_{\succeq_i}\{\{j \in Q \mid i \succeq_j v_Q(j)\} \cup \{i\}\} \quad (i \in P)$$

$$F(v)_Q(j) = \max_{\succeq_j}\{\{i \in P \mid j \succeq_i v_P(i)\} \cup \{j\}\} \quad (j \in Q)$$

と定義する．この F が単調写像であることを示そう．ここで $v, v' \in V$ に対して，$v \leq v'$ と仮定する．$i \in P$ について考える．任意の $j \in Q$ について $v_Q(j) \succeq_j v'_Q(j)$ であるから，

$$\{j \in Q \mid i \succeq_j v_Q(j)\} \cup \{i\} \subseteq \{j \in Q \mid i \succeq_j v'_Q(j)\} \cup \{i\}$$

が成り立ち，$F(v')_P(i) \succeq_i F(v)_P(i)$ が得られる．同様に，$j \in Q$ について考える．任意の $i \in P$ について $v'_P(i) \succeq_i v_P(i)$ であるから，

$$\{i \in P \mid j \succeq_i v_P(i)\} \cup \{j\} \supseteq \{i \in P \mid j \succeq_i v'_P(i)\} \cup \{j\}$$

が成り立ち，$F(v)_Q(j) \succeq_j F(v')_Q(j)$ が得られる．以上より，$v \leq v'$ ならば $F(v) \leq F(v')$ であるから F は $(V, \leq)$ において単調写像である．

単調写像 F に対して，Tarski の不動点定理 (定理 B.1) を用いると，F の不動点 ((4.5) と (4.6) を満たす) が存在し，不動点全体も $\leq$ に関して完備束をなす．以上をまとめると以下の定理を得る．

定理 4.3 (4.5) と (4.6) を満たすプレマッチング全体を V^* とすると，$V^* \neq \emptyset$ であり，$(V^*, \leq)$ は完備束である．

安達の証明法は，安定マッチングの存在のみならず，選好順序が全順序関係ならば安定マッチング全体が束をなすことまで同時に導く．

例 4.3 上記の議論より，適当なプレマッチングからスタートし，$(V, \leq)$ における単調写像 F を繰り返し施すことで安定マッチングが得られる．このことを，例 4.1 の場合に試してみよう．例 4.1 では女性 ♡ の選好順序に無差別が存

在するが，ここでは ★ ≻♡ ♠ として議論をする．まず，それぞれの男女が最も好む異性を選ぶプレマッチング v_1 からスタートしよう．

$$v_1(\spadesuit) = \heartsuit, \quad v_1(\clubsuit) = \diamondsuit, \quad v_1(\bigstar) = \diamondsuit, \quad v_1(\heartsuit) = \bigstar, \quad v_1(\diamondsuit) = \spadesuit$$

$v_2 = F(v_1)$ とすると，これは以下のように定まる．

$$v_2(\spadesuit) = \max\{\diamondsuit, \spadesuit\} = \diamondsuit, \, v_2(\clubsuit) = \max\{\clubsuit\} = \clubsuit, \, v_2(\bigstar) = \max\{\heartsuit, \bigstar\} = \heartsuit,$$
$$v_2(\heartsuit) = \max\{\spadesuit, \heartsuit\} = \spadesuit, \, v_2(\diamondsuit) = \max\{\clubsuit, \bigstar, \diamondsuit\} = \clubsuit$$

v_2 はマッチングを誘導せず，$v_3 = F(v_2)$ は以下のように定まる．

$$v_3(\spadesuit) = \max\{\heartsuit, \diamondsuit, \spadesuit\} = \heartsuit, \, v_3(\clubsuit) = \max\{\diamondsuit, \clubsuit\} = \diamondsuit, \, v_3(\bigstar) = \max\{\heartsuit, \bigstar\} = \heartsuit,$$
$$v_3(\heartsuit) = \max\{\spadesuit, \bigstar, \heartsuit\} = \bigstar, \, v_3(\diamondsuit) = \max\{\spadesuit, \clubsuit, \bigstar, \diamondsuit\} = \spadesuit$$

v_3 はマッチングを誘導せず，$v_4 = F(v_3)$ は以下のように定まる．

$$v_4(\spadesuit) = \max\{\diamondsuit, \spadesuit\} = \diamondsuit, \, v_4(\clubsuit) = \max\{\clubsuit\} = \clubsuit, \, v_4(\bigstar) = \max\{\heartsuit, \bigstar\} = \heartsuit,$$
$$v_4(\heartsuit) = \max\{\spadesuit, \bigstar, \heartsuit\} = \bigstar, \, v_4(\diamondsuit) = \max\{\clubsuit, \bigstar, \diamondsuit\} = \clubsuit$$

v_4 はマッチングを誘導せず，$v_5 = F(v_4)$ は以下のように定まる．

$$v_5(\spadesuit) = \max\{\diamondsuit, \spadesuit\} = \diamondsuit, \, v_5(\clubsuit) = \max\{\diamondsuit, \clubsuit\} = \diamondsuit, \, v_5(\bigstar) = \max\{\heartsuit, \bigstar\} = \heartsuit,$$
$$v_5(\heartsuit) = \max\{\spadesuit, \bigstar, \heartsuit\} = \bigstar, \, v_5(\diamondsuit) = \max\{\spadesuit, \clubsuit, \bigstar, \diamondsuit\} = \spadesuit$$

v_5 はマッチングを誘導せず，$v_6 = F(v_5)$ は以下のように定まる．

$$v_6(\spadesuit) = \max\{\diamondsuit, \spadesuit\} = \diamondsuit, \, v_6(\clubsuit) = \max\{\clubsuit\} = \clubsuit, \, v_6(\bigstar) = \max\{\heartsuit, \bigstar\} = \heartsuit,$$
$$v_6(\heartsuit) = \max\{\spadesuit, \bigstar, \heartsuit\} = \bigstar, \, v_6(\diamondsuit) = \max\{\spadesuit, \clubsuit, \bigstar, \diamondsuit\} = \spadesuit$$

v_6 が安定マッチング $\{(\spadesuit, \diamondsuit), (\bigstar, \heartsuit)\}$ を誘導するので，終了する． ∎

4.3 マトロイド安定結婚モデル

Fleiner[23] は，安定結婚モデルをマトロイド (付録 C 参照) の枠組に拡張した．本節では，Fleiner のモデル (マトロイド安定結婚モデルとよぶことにす

る) を紹介しよう．

台集合 E 上のマトロイド $M = (E, \mathcal{I})$ と E 上の全順序関係 $>$ に対して，$M = (E, \mathcal{I}, >)$ を順序付きマトロイドとよぶ．E の部分集合 X が元 $e \in E$ を支配するとは，

① $e \in X$
② X のある部分集合 Y が存在し $\{e\} \cup Y \notin \mathcal{I}$ かつ Y のすべての元 e' に対して $e' > e$

のいずれかが成立することと定義する[*4]．X に支配される元全体からなる集合を $D_M(X)$ と表記する．

マトロイド安定結婚モデルの入力は同じ台集合をもつ 2 つの順序付きマトロイド $M_P = (E, \mathcal{I}_P, >_P)$ と $M_Q = (E, \mathcal{I}_Q, >_Q)$ である．M_P と M_Q に対して，$X \subseteq E$ が

$$X \in \mathcal{I}_P \cap \mathcal{I}_Q, \qquad D_{M_P}(X) \cup D_{M_Q}(X) = E \qquad (4.7)$$

を満たすとき，X を $\boldsymbol{M_P M_Q}$-カーネルという．

マトロイド安定結婚モデルは，通常の安定結婚モデルの拡張になっており，$M_P M_Q$-カーネルが安定マッチングに対応する．

例 4.4 (安定結婚モデルとの関係) 与えられた安定結婚モデルの入力 (P, Q, a, b) (簡単のため選好は全順序関係とする) に対して，等価なマトロイド安定結婚モデルの入力を以下のように構成できる．E を $a_{ij}, b_{ij} > -\infty$ であるような組 (i, j) 全体の集合とする．それぞれの $i \in P$ に対して $E_{(i)}$ を i を含む E の元全体とし，同様にそれぞれの $j \in Q$ に対して $E_{(j)}$ を j を含む E の元全体とする．ここで，集合族 $\{E_{(i)} \mid i \in P\}$ により $M_P = (E, \mathcal{I}_P)$ を

$$\mathcal{I}_P = \{X \subseteq E \mid |X \cap E_{(i)}| \leq 1 \quad (i \in P)\}$$

と定義すると，分割マトロイドとなる．同様に，$M_Q = (E, \mathcal{I}_Q)$ を $\{E_{(j)} \mid j \in Q\}$ により定義される分割マトロイド，すなわち

$$\mathcal{I}_Q = \{X \subseteq E \mid |X \cap E_{(j)}| \leq 1 \quad (j \in Q)\}$$

[*4] このときの $Y \cup \{e\}$ は $X \cup \{e\}$ のサーキットとすればよい．後半の条件については定理 C.1 も参照のこと．

とする．$\mathcal{I}_P$ のどの元も各男性 $i \in P$ を含む組は高々 1 つしか含まず，$\mathcal{I}_Q$ のどの元も各女性 $j \in Q$ を含む組は高々 1 つしか含まないので，$X \subseteq E$ がマッチングであるための必要十分条件は $X \in \mathcal{I}_P \cap \mathcal{I}_Q$ となる．次に，E 上の全順序関係 $>_P$ と $>_Q$ を定める．$P = \{1, 2, \ldots, m\}$, $Q = \{1, 2, \ldots, n\}$ ともに整数の集合とし，$>_P$ と $>_Q$ を

$$(i_1, j_1) >_P (i_2, j_2) \iff i_1 > i_2 \text{ または}$$
$$i = i_1 = i_2 \text{ ならば } a_{ij_1} > a_{ij_2}$$
$$(i_1, j_1) >_Q (i_2, j_2) \iff j_1 > j_2 \text{ または}$$
$$j = j_1 = j_2 \text{ ならば } b_{i_1 j} > b_{i_2 j}$$

と定める．$X \subseteq E$ と $(i, j) \notin X$ に対して，$(i, j) \cup Y \notin \mathcal{I}_P$ となる $Y \subseteq X$ はある組 (i, j') を含まなければならず，$(i, j) \cup Y \notin \mathcal{I}_Q$ となる $Y \subseteq X$ はある組 (i', j) を含まなければならない．すなわち，X が M_P において (i, j) を支配するかどうかは $E_{(i)}$ 上の全順序関係で決まり，X が M_Q において (i, j) を支配するかどうかは $E_{(j)}$ 上の全順序関係で決まる．$>_P$ と $>_Q$ の定義の最初の条件による順序付けは全順序関係を構築するための便宜的なものである．このことをふまえると，マッチング X が $M_P M_Q$-カーネルであるための必要十分条件は任意の $(i, j) \notin X$ に対して，$(i, j') >_P (i, j)$ である (i, j') が X に含まれる，または $(i', j) >_Q (i, j)$ である (i', j) が X に含まれることである．すなわち，$M_P M_Q$-カーネル全体の集合は安定マッチング全体の集合と一致する．∎

Fleiner[23] は任意のマトロイド安定結婚モデルに対して $M_P M_Q$-カーネルが存在することを示した．

定理 4.4 2 つの順序付きマトロイド $M_P = (E, \mathcal{I}_P, >_P)$, $M_Q = (E, \mathcal{I}_Q, >_Q)$ に対して，$M_P M_Q$-カーネルが存在する．

次節ではマトロイド安定結婚モデルを包含するモデルを扱い，上記定理の別証明を与える．

4.4 M♮凹安定結婚モデル

江口–藤重[16] および江口–藤重–田村[17] では,M♮凹評価関数を用いた安定結婚モデルの拡張が扱われている.本節では,このモデル (**M♮凹安定結婚モデル**とよぶことにする) を紹介しよう.

安定結婚モデルと同様に P を男性集合,Q を女性集合とし,男女の組全体からなる集合を E,すなわち $E = P \times Q$ としよう.ここでは,男女ともに複数の異性と組むことを許し,また各男女対 (i, j) に対して複数回組むことも許すとする.例えばダンスパーティにおいて,複数の異性と複数回ワルツを踊る状況を想定するとよいだろう.誰と何回ダンスを踊るかということを,E 上のベクトル $x = (x(i,j) : (i,j) \in E) \in \mathbf{Z}^E$ を用いて表現する.ここではベクトル x を,第3章と同様に**割当**とよぶことにする[*5].それぞれの男性 i に対して $E_{(i)} = \{i\} \times Q$ とし,それぞれの女性 j に対して $E_{(j)} = P \times \{j\}$ と定める.ベクトル $y \in \mathbf{R}^E$ とそれぞれの主体 $k \in P \cup Q$ に対して,y の $E_{(k)}$ への制限を $y_{(k)}$ と表記する.例えば,割当 $x \in \mathbf{Z}^E$ に対して,$x_{(k)}$ は x に関する k の割当を表現している.

それぞれの主体 $k \in P \cup Q$ は,k に関する割当の選好を評価関数を用いて表すと仮定する.ただし,この評価関数は他の主体の割当には依存せず,自分自身に関する割当のみによるとする.すなわち,それぞれの主体 $k \in P \cup Q$ は,$E_{(k)}$ 上で定義される評価関数 $f_k : \mathbf{Z}^{E_{(k)}} \to \mathbf{R} \cup \{-\infty\}$ をもつとする.また,それぞれの評価関数 f_k は以下の前提条件を満たすと仮定する.

(A) $\mathrm{dom}\, f_k$ は有界,遺伝的で **0** を最小点としてもつ

ここで**遺伝的**とはすべての $y, y' \in \mathbf{Z}^{E_{(k)}}$ に対して,$\mathbf{0} \leq y' \leq y \in \mathrm{dom}\, f_k$ ならば $y' \in \mathrm{dom}\, f_k$ が成立することを意味する.実効定義域が遺伝的であることは,

---

[*5] 割当 x では,それぞれの男女の組が何回ワルツを踊るかの情報しか記憶していない.すなわち,何度目の演奏で踊るかのスケジュールについてはまったく気にしていない.x において,どの男性も女性もワルツを踊る回数が高々 k であるならば,k 回の演奏で割当 x を実現するスケジュールが存在することが,2部グラフの辺彩色に関する結果として知られている.以降では,スケジュールに関しては気にせず,回数を表す割当のみに注目する.

4.4 M♮凹安定結婚モデル

それぞれの主体は (約束する前であれば) 相手の許可なくワルツを踊る回数を減らすことができることを意味している. $\mathbf{0}$ は, 誰とも踊らないことを意味している. モデルの入力は $(P, Q, f_k(k \in P \cup Q))$ であるが, M♮凹安定結婚モデルではすべての f_k が M♮凹関数であることを前提とする.

例えば, 評価関数を

$$f_i(y) = \begin{cases} \sum_{j \in Q} a_{ij} y_{ij} & (y \geq \mathbf{0}, \ \sum_{j \in Q} y_{ij} \leq 1) \\ -\infty & (その他) \end{cases} \quad \begin{pmatrix} i \in P, \\ y \in \mathbf{Z}^{E(i)} \end{pmatrix} \quad (4.8)$$

$$f_j(y) = \begin{cases} \sum_{i \in P} b_{ij} y_{ij} & (y \geq \mathbf{0}, \ \sum_{i \in P} y_{ij} \leq 1) \\ -\infty & (その他) \end{cases} \quad \begin{pmatrix} j \in Q, \\ y \in \mathbf{Z}^{E(j)} \end{pmatrix} \quad (4.9)$$

と定義すると, それぞれの男性 i は 1 人の女性 j と組んだときのみ評価値が a_{ij}, 誰とも踊らないときの評価値が 0, その他の割当は評価値 $-\infty$ で許容せず, さらにそれぞれの女性 j は 1 人の男性 i と組んだときのみ評価値が b_{ij}, 誰とも踊らないときの評価値が 0, その他の割当は評価値 $-\infty$ で許容しないとみなせる. すなわち, 評価関数 (4.8) と (4.9) は第 4.1 節の安定結婚モデルに対応した評価関数になっている. また, これらは前提条件 (A) を満たしている. さらに, (4.8) と (4.9) は, 例 2.4 の特殊な場合であり M♮凹関数でもある.

ベクトル $x \in \mathbf{Z}^E$ がすべての $k \in P \cup Q$ に対して $x_{(k)} \in \mathrm{dom} f_k$ を満たすとき, x は実行可能割当であるという. 実行可能割当 x に関して, どの主体も x から踊る回数を減らす動機をもたないとき, すなわち以下が成立するとき

$$f_i(x_{(i)}) = \max\{f_i(y) \mid y \leq x_{(i)}\} \quad (i \in P) \quad (4.10)$$

$$f_j(x_{(j)}) = \max\{f_j(y) \mid y \leq x_{(j)}\} \quad (j \in Q) \quad (4.11)$$

x は動機制約を満たすという.

次に安定性の定義を与えよう. 実行可能割当 x が不安定であるとは, x が動機制約を満たさないか, あるいはある男性 $i \in P$, 女性 $j \in Q$, i と j に関する割当 $y' \in \mathbf{Z}^{E(i)}$ と $y'' \in \mathbf{Z}^{E(j)}$ が存在し, 以下の条件が成立することと定義する.

$$f_i(x_{(i)}) < f_i(y') \tag{4.12}$$

$$y'(i,j') \leq x(i,j') \qquad (j' \in Q \setminus \{j\}) \tag{4.13}$$

$$f_j(x_{(j)}) < f_j(y'') \tag{4.14}$$

$$y''(i',j) \leq x(i',j) \qquad (i' \in P \setminus \{i\}) \tag{4.15}$$

$$y'(i,j) = y''(i,j) \tag{4.16}$$

条件 (4.12) と (4.13) は，男性 i が j 以外の女性とワルツを踊る回数を増やすことなく，j と踊る回数を変更することで選好順序の高い割当が得られる (利得が増える) ことを意味している．また，条件 (4.14) は (4.15) は，女性 j が i 以外の男性とワルツを踊る回数を増やすことなく，i と踊る回数を変更することで利得が増えることを意味している．さらに，条件 (4.16) は，i と j が両者間のワルツを踊る回数に関して合意していることを意味している．すなわち，x が不安定であるとは，1 人の主体が割当を減らすことで利得を厳密に増加させることができるか，女性と男性の 1 組がそれぞれのワルツを踊る回数を変更することで両者の利得を厳密に増加させることができる状態である．実行可能割当 x が不安定でないとき，これを安定であるという．

それぞれの主体 $k \in P \cup Q$ に対して，評価関数 f_k が前提条件 (A) を満たす M$^\natural$ 凹関数である場合には，実行可能割当が不安定である条件を以下の補題のように緩めることができる．

補題 4.5 それぞれの主体 $k \in P \cup Q$ に対して，評価関数 f_k が M$^\natural$ 凹関数であり，前提条件 (A) を満たすとき，実行可能割当 x が不安定であるための必要十分条件は，x が動機制約を満たさない，あるいはある男性 $i \in P$, 女性 $j \in Q$, i と j に関する割当 $y' \in \mathbf{Z}^{E(i)}$ と $y'' \in \mathbf{Z}^{E(j)}$ が存在し (4.12)〜(4.15) が成立することである．特に，(4.12)〜(4.15) を満たせば (4.16) よりも強い条件 $y'(i,j) = y''(i,j) = x(i,j) + 1$ を満たすようにできる．

補題 4.5 は，第 5.2 節の補題 5.1 の ① より導かれるが，最後の主張は第 5.5.1 項の補題 5.1 の証明より導かれる．補題 4.5 は，M$^\natural$ 凹評価関数に対しては実行可能割当が不安定であるために条件 (4.16), すなわち i と j に関する合意が不要であることを主張している．この事実は有用で，条件 (4.16) が外れることに

より，(4.12)〜(4.15) は i と j がそれぞれ独立に自分の利得を最大化していることを意味しているので，不安定性の確認が容易になる．事実，実行可能割当 x が安定であるための特徴付けとして，以下の性質が成り立つ[*6]．

定理 4.6 それぞれの主体 $k \in P \cup Q$ に対して，評価関数 f_k が M♮凹関数であり，前提条件 (A) を満たすとする．このとき，実行可能割当 x が安定であるための必要十分条件は以下の 3 条件を満たす $z_P = (z_{(i)} : i \in P) \in (\mathbf{Z} \cup \{+\infty\})^E$ と $z_Q = (z_{(j)} : j \in Q) \in (\mathbf{Z} \cup \{+\infty\})^E$ が存在することである．

$$x_{(i)} \in \arg\max\{f_i(y) \mid y \leq z_{(i)}\} \qquad (i \in P) \qquad (4.17)$$

$$x_{(j)} \in \arg\max\{f_j(y) \mid y \leq z_{(j)}\} \qquad (j \in Q) \qquad (4.18)$$

$$z_P(e) = +\infty \text{ または } z_Q(e) = +\infty \qquad (e \in E) \qquad (4.19)$$

定理 4.6 の z_P について，$z_P(e) < +\infty$ となる $e = (i,j)$ では女性 j が $z_P(e)$ 回より多く男性 i とワルツを踊ることを望まないと解釈し，$z_Q(i,j) < +\infty$ となる場合は男性 i が $z_Q(i,j)$ 回より多く女性 j とワルツを踊ることを望まないと解釈する．(4.19) は，それぞれの男女対 (i,j) について割当 $x(i,j)$ の上限制約を付けることができるのは男性 i か女性 j の一方のみであることを規定している．(4.17) と (4.18) は，それぞれ異性により定められた割当の上限制約のもとで x が最適な割当であることを意味している．次節では，定理 4.6 の条件 (4.17)〜(4.19) を満たす x, z_P, z_Q を求めるアルゴリズムを構築することで，以下の定理 4.7 の証明を与える．

定理 4.7 それぞれの主体 $k \in P \cup Q$ に対して，評価関数 f_k が M♮凹関数であり，前提条件 (A) を満たすとき，安定割当が存在する．

2 つの M♮凹関数 $f_P, f_Q : \mathbf{Z}^E \to \mathbf{R} \cup \{-\infty\}$ をそれぞれ f_i ($i \in P$) と f_j ($j \in Q$) の直和として

$$f_P(x) = \sum_{i \in P} f_i(x_{(i)}), \qquad f_Q(x) = \sum_{j \in Q} f_j(x_{(j)}) \qquad (x \in \mathbf{Z}^E)$$

と定義すると，(4.17) と (4.18) はそれぞれ以下のように記述することもできる．

[*6] 定理 4.6 は，第 5.3 節で定理 5.5 へと一般化される．

$$(4.17) \Leftrightarrow x \in \arg\max\{f_P(y) \mid y \leq z_P\}$$
$$(4.18) \Leftrightarrow x \in \arg\max\{f_Q(y) \mid y \leq z_Q\}$$

上記のように定めた f_P と f_Q は次の条件を明らかに満たす.

(A′) $\mathrm{dom} f_P$ と $\mathrm{dom} f_Q$ は有界,遺伝的で $\mathbf{0} \in \mathbf{Z}^E$ を最小点としてもつ

実は f_P や f_Q は主体の評価関数の直和でない一般の場合においても,次の定理が成立する.

定理 4.8 前提条件 (A′) を満たす 2 つの M♮凹関数 $f_P, f_Q : \mathbf{Z}^E \to \mathbf{R} \cup \{-\infty\}$ に対して,以下の 3 条件を満たす $x \in \mathbf{Z}^E$, $z_P \in (\mathbf{Z} \cup \{+\infty\})^E$, $z_Q \in (\mathbf{Z} \cup \{+\infty\})^E$ が存在する.

$$x \in \arg\max\{f_P(y) \mid y \leq z_P\} \tag{4.20}$$
$$x \in \arg\max\{f_Q(y) \mid y \leq z_Q\} \tag{4.21}$$
$$z_P(e) = +\infty \text{ または } z_Q(e) = +\infty \quad (e \in E) \tag{4.22}$$

定理 4.8 のメリットは,これを証明することで定理 4.6 の条件を満たす x, z_P, z_Q が存在することがいえ,これより定理 4.7 も導けることである.

江口–藤重–田村[17] では,実際には M♮凹安定結婚モデルよりも一般的なモデルを扱っている.そのモデルでは,(A′) を満たす 2 つの M♮凹関数 $f_P, f_Q : \mathbf{Z}^E \to \mathbf{R} \cup \{-\infty\}$ に対して,$x \in \mathrm{dom} f_P \cap \mathrm{dom} f_Q$ を実行可能割当とよぶ.実行可能割当 x が安定であるとは,(4.20)~(4.22) を満たす z_P と z_Q が存在することであると定義する.このモデルをここでは **EFT** モデルとよぶことにする.定理 4.8 は,EFT モデルの安定割当の存在を主張している.主体の評価関数の直和という制限を外すことで表現能力が増し,例 4.6 や例 4.7 のように M♮凹安定結婚モデルとしては記述できないものも,EFT モデルは包含する.

次節では,定理 4.8 の条件を満たす x, z_P, z_Q を求めるアルゴリズムを与える (定理 4.8 の証明をする) が,その前に M♮凹安定結婚モデル,EFT モデルと他のモデルとの関係を議論しよう.

例 4.5 (安定結婚モデルとの関係) 通常の安定結婚モデル,すなわち評価関数

が (4.8) と (4.9) で定義される場合について，安定結婚モデルでの安定性と上記の安定性の関係について考えてみよう．まず，(X, q, r) を安定結婚モデルの安定解とし，$x = \chi_X$ とする．$(i, j) \in X$ に対して，$f_i(x_{(i)}) = a_{ij} \geq 0$ (最後の不等号は (m2) と (m4) より) と $f_j(x_{(j)}) = b_{ij} \geq 0$ となり，不飽和な主体 $k \in P \cup Q$ に対して $f_k(x_{(k)}) = f_k(\mathbf{0}) = 0$ となるため，x は動機制約を満たす．仮に x に対して (4.12)〜(4.16) を満たす $(i, j), y', y''$ が存在したとすると $f_i(y') = a_{ij} > q_i$ かつ $f_j(y'') = b_{ij} > r_j$ となり，安定結婚モデルの安定性条件 (m4) に矛盾する．よって x は M♮凹安定結婚モデルの安定割当である．逆に，M♮凹安定結婚モデルの安定割当 x に対して $X = \{(i, j) \in E \mid x(i, j) = 1\}$ はマッチングであり，以下のように安定結婚モデルの安定解を構成する．すべての $(i, j) \in X$ に対して $q_i = f_i(x_{(i)}) = a_{ij}, r_j = f_j(x_{(j)}) = b_{ij}$ と定め，不飽和な i と j に対しても $q_i = f_i(x_{(i)}) = f_i(\mathbf{0}) = 0, r_j = f_j(x_{(j)}) = f_j(\mathbf{0}) = 0$ と定める．x は動機制約を満たすことより，$q, r \geq \mathbf{0}$ である．さらに (m4) の残りの条件を満たすことも上記の説明と同様に示せる．よって (X, q, r) は安定結婚モデルの安定解である．以上の議論より，評価関数が (4.8) と (4.9) であるとき，M♮凹安定結婚モデルの安定性は安定結婚モデルの安定性と一致する．■

例 4.6 (学生-プロジェクト割当モデルとの関係) Abraham–Irving–Manlove[1]では，次のような学生-プロジェクト割当モデルを提案している．ここでは，このモデルを AIM モデルと略記する．AIM モデルでは，学生集合 $S = \{s_1, s_2, \ldots, s_n\}$，プロジェクト集合 $W = \{w_1, w_2, \ldots, w_m\}$，教員集合 $T = \{t_1, t_2, \ldots, t_\ell\}$，$W$ の分割 $\{W_1, W_2, \ldots, W_\ell\}$ が与えられている．プロジェクトの集合 W_k は教員 t_k が担当するとみなす．各学生 s_i は許容なプロジェクト[*7]に選好順序 (全順序関係) をもっており，各教員 t_k は学生に対して選好順序 (全順序関係) をもっている．各プロジェクト $w_j \in W_k$ もこのプロジェクトを許容する学生に対して選好順序をもつが，これは教員 t_k の選好順序から w_j を非許容とする学生を除くことで作成する．各学生は高々 1 つのプロジェクトに属し，またプロジェクト w_j は定員 α_j をもち，α_j より多くの学生を受

[*7] 学生にとって配属を希望するプロジェクトを許容とよび，配属したくないプロジェクトを非許容とよぶことにする．

け入れることはできない.さらに,各教員 t_k は W_k 内のプロジェクトに割り当てられた学生の総数に関する定員 β_k をもっており,W_k のプロジェクトに割当可能な学生数は β_k 以下とする.このような状況で,学生のプロジェクトへの割当 X (学生とプロジェクトの組の集合とする) について次のような安定性を導入する.$(s_i, w_j) \notin X$ が X に対するブロッキング対であるとは,次の条件を満たすことと定義する.

① 学生 s_i はプロジェクト w_j を許容する
② s_i は X において不飽和か,X で割り当てられたプロジェクトよりも w_j を好む
③ 次のどれかが成立する: (a) w_j の定員には空きがあり,w_j を含むプロジェクト集合 W_k にも定員に空きがある,(b) w_j の定員には空きがあり,W_k は定員一杯であるが,X において W_k のプロジェクトに割り当てられた学生で教員 t_k にとって最悪の学生より s_i の方が好ましい,(c) w_j は定員一杯であるが,X において w_j に割り当てられた学生で t_k にとって最悪の学生より s_i の方が好ましい

③において (a) が成り立つならば,s_i が w_j に割当変更されることで s_i と t_k はともにより好ましい状態となり,(b) と (c) では最悪の学生と s_i を入れ替えることで s_i と t_k はともにより好ましい状態となる.このような意味でブロッキング対が存在する割当 X は不安定である.ブロッキング対をもたない割当を安定であるという.Abraham–Irving–Manlove[1] は,安定な割当が常に存在することを示したが,ここでは AIM モデルを EFT モデルとして定式化する.

各学生 s_i が許容するプロジェクトの組全体を $E_{(i)}$,すなわち,

$$E_{(i)} = \{(i,j) \mid s_i \text{ は } w_j \text{ を許容する}\} \quad (i = 1, 2, \ldots, n)$$

とおき,

$$E = \bigcup_{i=1}^{n} E_{(i)}$$

とおく.また,E の元でプロジェクト w_j を含むものを $E_{(j)}$,すなわち,

$$E_{(j)} = \{(i,j) \in E \mid s_i \in S\} \quad (j = 1, 2, \ldots, m)$$

とし,各教員 t_k に関して

$$E_{(k)} = \bigcup_{w_j \in W_k} E_{(j)} \qquad (k = 1, 2, \ldots, \ell)$$

とする．学生全体の選好順序を非負ベクトル $a \in \mathbf{R}^E$ を用いて次のように表現する．各学生 s_i の選好順序を $E_{(i)}$ の上に付け直し，

$$a_{ij} > a_{ij'} \iff s_i \text{ は } w_j \text{ を } w_{j'} \text{ より好む} \qquad ((i,j), (i,j') \in E_{(i)})$$

を満たすようにする．また教員の学生に対する選好順序を非負ベクトル $b \in \mathbf{R}^E$ を用いて次のように表現する．各プロジェクト w_j の選好順序を $E_{(j)}$ の上に付け直し

$$b_{ij} > b_{i'j} \iff w_j \text{ は } s_i \text{ を } s_{i'} \text{ より好む} \qquad ((i,j), (i',j) \in E_{(j)})$$

を満たし，さらに教員 t_k が担当する複数のプロジェクトでの選好順序を同期させるために

$$w_j, w_{j'} \in W_k, (i,j) \in E_{(j)}, (i,j') \in E_{(j')} \implies b_{ij} = b_{ij'}$$

を満たすようにする．ベクトル $x \in \mathbf{Z}^E$ に対して，$(i,j) \in E$ に対応する x の成分を x_{ij} と表記し，$E_{(i)}, E_{(j)}, E_{(k)}$ への x の制限をそれぞれ $x_{(i)}, x_{(j)}, x_{(k)}$ と表記する．学生 $s_i \in S$, プロジェクト $w_j \in W$, 教員 $t_k \in T$ に対して，次のような関数を考える．

$$f_i(y) = \begin{cases} \langle a_{(i)}, y \rangle & (y \geq \mathbf{0}, \ y(E_{(i)}) \leq 1) \\ -\infty & (\text{その他}) \end{cases} \quad \begin{pmatrix} s_i \in S, \\ y \in \mathbf{Z}^{E(i)} \end{pmatrix} \quad (4.23)$$

$$f_j(y) = \begin{cases} 0 & (0 \leq y \leq \alpha_j) \\ -\infty & (\text{その他}) \end{cases} \quad \begin{pmatrix} w_j \in W, \\ y \in \mathbf{Z} \end{pmatrix} \quad (4.24)$$

$$f_k(y) = \begin{cases} 0 & (0 \leq y \leq \beta_k) \\ -\infty & (\text{その他}) \end{cases} \quad \begin{pmatrix} t_k \in T, \\ y \in \mathbf{Z} \end{pmatrix} \quad (4.25)$$

(4.23) については，例 2.4 の形をしているので M♮凹関数であり，これらの直和として定義する関数 f_P は M♮凹関数である．すなわち，

$$f_P(x) = \sum_{i=1}^n f_i(x_{(i)}) \qquad (x \in \mathbf{Z}^E)$$

と定義する．$f_P(x) > -\infty$ となるのは，x が学生側からみたときに実行可能な割当であり，$f_P(x)$ はそのときの学生側の選好に関する評価値を与えている．一方，(4.24) と (4.25) で定まる f_j と f_k は 1 変数凹関数であり，さらに E の部分集合族 $\{E_{(j)} \mid w_j \in W\} \cup \{E_{(k)} \mid t_k \in T\}$ は層族をなしている．例 2.3 と定理 2.2 より，次で定義する関数

$$f_Q(x) = \sum_{w_j \in W} f_j(x(E_{(j)})) + \sum_{t_k \in T} f_k(x(E_{(k)})) + \langle b, x \rangle \qquad (x \in \mathbf{Z}^E)$$

は層凹関数と 1 次関数の和であるから M♮凹関数である．$f_Q(x) > -\infty$ となるのは，x がプロジェクトや教員側からみたときに定員制約を満たす割当であり，$f_Q(x)$ はそのときの教員側の選好に関する評価値を与えている．

最後に AIM モデルの安定割当と EFT モデルの安定割当の対応を簡単にみる．プロジェクトと教員という 2 重構造をしているため，(4.17)～(4.19) で解釈するのは難しいが，ここでは (4.20)～(4.22) を利用する．x を AIM モデルの安定割当とする．x は実行可能であるから，$f_P(x) > -\infty$ かつ $f_Q(x) > -\infty$ である．各学生 s_i に対して，ブロッキング対の定義の ① と ② を満たす w_j に対して，$z_P(i,j) := 0$ と定め，それ以外の z_P の成分は $+\infty$ とする．各プロジェクト w_j に対して，ブロッキング対の定義の ① と ③ を満たす s_i に対して，$z_Q(i,j) := 0$ と定め，それ以外の z_Q の成分は $+\infty$ とする．x が安定割当であるから，(4.19) は満たされる．また，$x(i,j)$ を増やす (0 から 1 にする) ことで，f_P あるいは f_Q の値を大きくするものについては z_P と z_Q で制限を加えたので，x は (4.20) と (4.21) を満たしている．すなわち，AIM モデルの安定割当は EFT モデルの安定割当である．逆に x, z_P, z_Q が (4.20)～(4.22) を満たすとする．仮に x に対して (i,j) が AIM モデルのブロッキング対であるとする．(4.22) が満たされるので，$z_P(i,j) = +\infty$ あるいは $z_Q(i,j) = +\infty$ である．もし $z_P(i,j) = +\infty$ ならば，s_i を w_j に割当変更したものを y' とすると z_P の上限制約のもとでも $f_P(y') > f_P(x)$ となり，(4.20) に矛盾する．もし $z_Q(i,j) = +\infty$ ならば，s_i を w_j に割り当て，必要ならば他の学生を w_j あるいは $W_k (\ni w_j)$ から除く割当を y'' とすると，z_Q の上限制約のもとでも $f_Q(y'') > f_Q(x)$ となり，(4.21) に矛盾する．すなわち，x に対するブロッキング対は存在せず，x は AIM モデルの安定割当である．以上より，AIM モデ

ルは EFT モデルの特殊な場合とみなせる.

例 4.7 (マトロイド安定結婚モデルとの関係)　$M_P = (E, \mathcal{I}_P, >_P)$ と $M_Q = (E, \mathcal{I}_Q, >_Q)$ をマトロイド安定結婚モデルの入力とする. 全順序関係 $>_P$ と $>_Q$ を正ベクトル $a = (a_e : e \in E)$ と $b = (b_e : e \in E)$ を用いて表現し,

$$a_{e'} > a_e \iff e' >_P e, \qquad b_{e'} > b_e \iff e' >_Q e$$

を満たすようにする. 評価関数 f_P と f_Q を,

$$f_P(x) = \begin{cases} \sum_{e \in Y} a_e & (x = \chi_Y \text{ である } Y \in \mathcal{I}_P \text{ が存在}) \\ -\infty & (\text{その他}) \end{cases} \quad (x \in \mathbf{Z}^E)$$

$$f_Q(x) = \begin{cases} \sum_{e \in Y} b_e & (x = \chi_Y \text{ である } Y \in \mathcal{I}_Q \text{ が存在}) \\ -\infty & (\text{その他}) \end{cases} \quad (x \in \mathbf{Z}^E)$$

と定める. これらの関数はマトロイドの独立集合族上の線形関数なので, 例 2.4 より, $\mathrm{M}^{\natural}$凹関数となる.

M_P の独立集合 X と X を含む部分集合 $Z \subseteq E$ に対して,

$$\chi_X \in \arg\max\{f_P(y) \mid y \leq \chi_Z\}$$

となる場合を考える. これは, Z の部分集合である独立集合 Y について $\sum_{e \in Y} a_e$ を最大にするものが X である場合, すなわち

$$X \in \arg\max\left\{\sum_{e \in Y} a_e \;\middle|\; Y \in \mathcal{I}_P, Y \subseteq Z\right\} \tag{4.26}$$

となる場合である. a_e は正の数であるので, マトロイドの最大重み独立集合の特徴付け (定理 C.1) より,

$$(4.26) \Leftrightarrow \forall e \in Z \setminus X, \exists Y \subseteq X, \forall e' \in Y, Y \cup \{e\} \notin \mathcal{I}_P, a_{e'} > a_e$$

が成立することが知られている. 第 4.3 節の D_{M_P} の定義より, 以下の特徴付けを得る.

$$\chi_X \in \arg\max\{f_P(y) \mid y \leq \chi_Z\} \Leftrightarrow X \subseteq Z \subseteq D_{M_P}(X)$$

同様に,

$$\chi_X \in \arg\max\{f_Q(y) \mid y \leq \chi_Z\} \Leftrightarrow X \subseteq Z \subseteq D_{M_Q}(X)$$

を得る.X が $M_P M_Q$-カーネルであるとすると,

$$z_P(e) = \begin{cases} +\infty & (e \in D_{M_P}(X)) \\ 0 & (その他) \end{cases}$$

$$z_Q(e) = \begin{cases} +\infty & (e \in D_{M_Q}(X)) \\ 0 & (その他) \end{cases}$$

とおくことで,定理 4.8 の条件 (4.20)〜(4.22) が成立するので,χ_X は EFT モデルにおける安定割当となる.逆に EFT モデルの意味での安定割当 x に対して,$\chi_X = x$ となる独立集合 X を考える.定理 4.8 より,(4.20)〜(4.22) を満たす z_P, z_Q が存在するが,

$$Z_P = \{e \in E \mid z_P(e) = +\infty\}, \quad Z_Q = \{e \in E \mid z_Q(e) = +\infty\}$$

とすると,上の議論より $Z_P \subseteq D_{M_P}(X)$ かつ $Z_Q \subseteq D_{M_Q}(X)$ である.(4.22) より,$D_{M_P}(X) \cup D_{M_Q}(X) = E$ となり,X は $M_P M_Q$-カーネルとなる.以上より,マトロイド安定結婚モデルは EFT モデルの特殊な場合である.∎

4.5 M♮凹安定結婚モデルにおける安定割当の存在証明

本節では,(A′) を満たす M♮凹関数 f_P と f_Q に対して,定理 4.8 の条件 (4.20)〜(4.22) を満たす x, z_P, z_Q を求めるアルゴリズムを与える.このアルゴリズム[17] は第 4.2 節の Gale–Shapley アルゴリズムを拡張したものである.

◇ **拡張 Gale–Shapley アルゴリズム**───────────────
入 力　　前提条件 (A′) を満たす M♮凹関数 $f_P, f_Q : \mathbf{Z}^E \to \mathbf{R} \cup \{-\infty\}$;
出 力　　(4.20)〜(4.22) を満たす x, z_P, z_Q ;
　　　$z_P := (+\infty, \ldots, +\infty),\ z_Q := \mathbf{0},\ x_P := \mathbf{0},\ x_Q := \mathbf{0}$;

4.5 M♮凹安定結婚モデルにおける安定割当の存在証明

```
repeat {
  x_P を arg max{f_P(y) | x_Q ≤ y ≤ z_P} から選ぶ ;
  x_Q を arg max{f_Q(y) | y ≤ x_P} から選ぶ ;
  for e ∈ E : x_P(e) > x_Q(e) {
    z_P(e) := x_Q(e),  z_Q(e) := +∞ ;
  };
}until x_P = x_Q ;
output (x_P, z_P, z_Q ∨ x_P).
```

上記のアルゴリズムでは，定理 4.8 の条件 (4.20)~(4.22) を満たす x, z_P, z_Q を求めることを目指すが，割当については x_P と x_Q という $x_Q \leq x_P$ を満たす2つベクトルを管理し，$x_P = x_Q$ となることを目指している．x_P を更新するステップは Gale–Shapley アルゴリズムでの男性から女性へのプロポーズステップに対応し，x_Q を更新するステップは女性がプロポーズしてきた男性の中から最良の男性を選ぶステップに対応する．z_P を更新するステップは，プロポーズを断られた男性が以後断った女性にはプロポーズしないことに対応し，$x_P(e) > x_Q(e)$ となる e に対しては女性側が $x_Q(e)$ 以上は望まないため $z_P(e)$ を $x_Q(e)$ に更新する．

最後に拡張 Gale–Shapley アルゴリズムの正当性，すなわち (4.20)~(4.22) を満たす x, z_P, z_Q が求まっていることを示す．z_Q の更新より，このアルゴリズムは常に (4.22) を保存している．また，z_P の成分は有限値になって以降は増加することがなく，終了しない限り z_P の成分のどれかが減少するため，このアルゴリズムは有限回 (t 回とする) で終了する．以降では，i 回目 ($i = 1, 2, \ldots, t$) の反復が終了した時点での x_P, x_Q, z_P, z_Q を $x_P^{(i)}, x_Q^{(i)}, z_P^{(i)}, z_Q^{(i)}$ と表記し，初期状態のこれらを $x_P^{(0)}, x_Q^{(0)}, z_P^{(0)}, z_Q^{(0)}$ と表記する．(4.20) と (4.21) は以下の2つの補題より導かれる．

補題 4.9 それぞれの $i = 1, \ldots, t$ に対して次の関係が成立する．

$$x_P^{(i)} \in \arg\max\{f_P(y) \mid y \leq z_P^{(i-1)}\} \tag{4.27}$$

[証明] (4.27) を i に関する数学的帰納法で証明する. $i = 1$ については, $z_P^{(0)} = (+\infty,\ldots,+\infty)$, $x_Q^{(0)} = \mathbf{0}$, $x_P^{(1)}$ の定義より, (4.27) が成立する. ここで $1 \leq l < t$ を満たす l において (4.27) が成立すると仮定し, $i = l+1$ に対しても (4.27) が成立することを示す. $x_P^{(l)} \in \arg\max\{f_P(y) \mid y \leq z_P^{(l-1)}\}$ かつ $z_P^{(l-1)} \geq z_P^{(l)}$ であるから, 補題 2.20 の (Sub_1) より, $z_P^{(l)} \wedge x_P^{(l)} \leq x$ を満たす $x \in \arg\max\{f_P(y) \mid y \leq z_P^{(l)}\}$ が存在する. $z_P^{(l)}$ の定義より, $z_P^{(l)} \wedge x_P^{(l)} = x_Q^{(l)}$ が成立するので, この x は $x_Q^{(l)} \leq x$ を満たし, $f_P(x) = f_P(x_P^{(l+1)})$ となり $i = l+1$ に対しても (4.27) が成立する. □

補題 4.10 それぞれの $i = 0, 1, \ldots, t$ に対して次の関係が成立する.

$$x_Q^{(i)} \in \arg\max\{f_Q(y) \mid y \leq z_Q^{(i)} \vee x_P^{(i)}\} \qquad (4.28)$$

[証明] (4.28) を i に関する数学的帰納法で証明する. $i = 0$ については, $x_P^{(0)} = x_Q^{(0)} = z_Q^{(0)} = \mathbf{0}$ より, (4.28) が成立する. ここで $1 \leq l < t$ を満たす l において (4.28) が成立すると仮定し, $i = l+1$ に対しても (4.28) が成立することを示す. x_P の定義より,

$$x_P^{(l+1)} \geq x_Q^{(l)} \qquad (4.29)$$

が成り立つ. 補題 2.20 より M$^\natural$凹関数は (Sub_2) を満たすので, 次の 2 つの条件を満たす x が存在する.

$$x \in \arg\max\{f_Q(y) \mid y \leq z_Q^{(l)} \vee x_P^{(l)} \vee x_P^{(l+1)}\} \qquad (4.30)$$
$$(z_Q^{(l)} \vee x_P^{(l)}) \wedge x \leq x_Q^{(l)} \qquad (4.31)$$

条件 (4.29), (4.30), (4.31) より $x \leq x_P^{(l+1)}$ であり, これより $f_Q(x) = f_Q(x_Q^{(l+1)})$ が成り立つ. もし $z_Q^{(l+1)} = z_Q^{(l)}$ ならば直ちに $i = l+1$ に対する (4.28) を得る. 以降では, $z_Q^{(l+1)} \neq z_Q^{(l)}$ としよう. z_Q の更新の仕方より, もし $z_Q^{(l)}(e) < z_Q^{(l+1)}(e)$ ならば $x_Q^{(l+1)}(e) < x_P^{(l+1)}(e)$ である. すなわち, 新たに $z_Q(e) = +\infty$ となった e においては, 元々 $x_Q^{(l+1)}(e)$ は上限の $x_P^{(l+1)}(e)$ より厳密に小さい. この上限を $x_P^{(l+1)}(e) \vee z_Q^{(l+1)}(e) = +\infty$ に置き換えても $x_Q^{(l+1)}$ が最大解であり続けることは, 補題 2.24 が保証する. すなわち, この場合も

$i = l+1$ に対する (4.28) が成立する. □

補題 4.9 と補題 4.10 より，拡張 Gale–Shapley アルゴリズムが出力する $(x_P^{(t)}, z_P^{(t)}, z_Q^{(t)} \vee x_Q^{(t)})$ は (4.20)〜(4.22) を満たすので，定理 4.8 が証明できた．さらに定理 4.7 も示せた．

最後に拡張 Gale–Shapley アルゴリズムの計算量について議論する．各反復においては M♮凹関数の最大化を行う部分が最も時間を要するが，これは第 2.6 節で紹介したように，$n = |E|$ と $L = \max\{\operatorname{diam}(f_P), \operatorname{diam}(f_Q)\}$ に関して $n^3 \log L$ に比例する時間で終了する．問題は反復回数であるが，例 4.8 のように L に比例した反復回数を要する例が存在する．一方，Baïou–Balinski[5] は，f_P と f_Q の実効定義域が閉区間 $[\mathbf{0}, z]$ の形をしていて，f_P も f_Q も実効定義域内で 1 次関数ならば，実効定義域の直径には依存せず n に関する多項式時間で安定割当が求まることを示した．M♮凹安定結婚モデルの安定割当を n と $\log L$ の多項式時間で求めることができるかどうかは未解決である．その他，安定結婚モデルに関するアルゴリズムや計算量の研究については論文[20, 35, 38, 89] などを参照されたい．

例 4.8 最後に拡張 Gale–Shapley アルゴリズムが実効定義域の直径 L に比例した反復回数を要する例を紹介する．$E = \{1, 2\}$，L を正整数とし，$f_P, f_Q : \mathbf{Z}^E \to \mathbf{R} \cup \{-\infty\}$ を

$$f_P(x) = \begin{cases} (L+1)x_1 + Lx_2 & (x \geq \mathbf{0},\ x_1 + x_2 \leq L) \\ -\infty & (\text{その他}) \end{cases} \quad (x \in \mathbf{Z}^E)$$

$$f_Q(x) = \begin{cases} Lx_1 + (L+1)x_2 & (x \geq \mathbf{0},\ x_1 + x_2 \leq L-1) \\ -\infty & (\text{その他}) \end{cases} \quad (x \in \mathbf{Z}^E)$$

とする．f_P も f_Q も M♮凹関数となり，$\operatorname{diam}(f_P) = L$ かつ $\operatorname{diam}(f_Q) = L-1$ となる．P を男性，Q を女性，x_1 は P と Q がダンスパーティでタンゴを踊る回数，x_2 は P と Q がワルツを踊る回数とみなす．このとき，f_P の意味するところは，男性 P は上限 L 回までできる限り多くのダンスを踊ることを第一義とし，同じ回数ならばタンゴをできる限り多く踊りたいという選好をもっている．一方 f_Q から，女性 Q は上限 $L-1$ 回までできる限り多くのダンスを踊ることを第一義とし，同じ回数ならばワルツをできる限り多く踊りたいという選好を

もっている．この f_P と f_Q に拡張 Gale–Shapley アルゴリズムを適用すると，

反復	x_P	x_Q	z_P	z_Q
0	$(0,0)$	$(0,0)$	$(+\infty,+\infty)$	$(0,0)$
1	$(L,0)$	$(L-1,0)$	$(L-1,+\infty)$	$(+\infty,0)$
2	$(L-1,1)$	$(L-2,1)$	$(L-2,+\infty)$	$(+\infty,0)$
$\vdots$	$\vdots$	$\vdots$	$\vdots$	$\vdots$
L	$(1,L-1)$	$(0,L-1)$	$(0,+\infty)$	$(+\infty,0)$
$L+1$	$(0,L)$	$(0,L-1)$	$(0,L-1)$	$(+\infty,+\infty)$
$L+2$	$(0,L-1)$	$(0,L-1)$	$(0,L-1)$	$(+\infty,+\infty)$

のように $L+2$ 反復目で安定割当 $(0, L-1)$ が求まる． ∎

4.6 Hatfield–Milgrom モデル (HM モデル)

本節では，Hatfield–Milgrom[36] のモデルを紹介する．他のモデルとの関係を議論するために，2つの点で Hatfield–Milgrom のモデルを拡張あるいは制限したものを本節では扱う．まず，Hatfield–Milgrom[36] では，医者と病院の割当を例にし，1対多型のモデルを提案しているが，多対多型で議論をする[*8]．今まで扱ってきたマッチングや割当の安定という概念は，簡単にいうと $i \in P$ と $j \in Q$ という任意の組がこれを壊さないという意味であった．一方，より大きな主体の提携，例えば1つの病院と1名以上の医者の提携，によっても与えられた割当が壊されないという趣旨の強い安定性も考えられる．実際に Hatfield–Milgrom[36] では後者の安定性を扱っているが，ここでは前者の安定性に制限して議論をする．本節では，Hatfield–Milgrom のモデルの上記修正版を **HM モデル**とよぶことにする．

Hatfield–Milgrom[36] では，主体の集合を D (医者の集合) と H (病院の集合) と表記していたが，本節では今まで同様に主体の集合を P と Q という互いに素な有限集合で表現する．HM モデルでは，契約の有限集合 X を考える．そ

[*8] Klaus–Walzl[45] でも Hatfield–Milgrom のモデルの多対多型を議論している．

れぞれの契約 $x \in X$ は，ある $i \in P$ と $j \in Q$ の間で交わされるが，x に関する P 側の主体 i を x_P と表し，Q 側の主体 j を x_Q と表す．また契約 x は x_P と x_Q の間の様々な交渉内容を包含しえるもので，x_P と x_Q の間の給与額や労働時間などの事項をまとめて1つの契約とみなす．各主体 $i \in P$ が関わる契約集合を X_i と表記する．すなわち，以下のように定義する．

$$X_i = \{x \in X \mid x_P = i\}$$

同様に $j \in Q$ が関わる契約集合 X_j を

$$X_j = \{x \in X \mid x_Q = j\}$$

と定める．

それぞれの主体 $k \in P \cup Q$ は，X_k の部分集合全体 2^{X_k} に対して，全順序関係 $\succeq_k$ をもつと仮定する．すなわち，k は自分が関わる契約集合の全体 2^{X_k} に対して無差別を許さない選好順序をもっている．ここで，$X' \subseteq X_k$ が $X' \succ_k \emptyset$ であるとき，X' は k にとって**許容できる**契約集合であり，それ以外のとき**許容できない**契約集合と解釈する．また，$k \in P \cup Q$ の**選択関数** C_k を以下のように定義する．

$$C_k(X') = \max_{\succeq_k} \{X'' \mid X'' \subseteq X' \cap X_k\} \qquad (X' \subseteq X)$$

すなわち，与えられた契約集合 X' に対して，X' の中で k が関わる契約集合 $X' \cap X_k$ の部分集合で k にとって最良のものが $C_k(X')$ である．さらに，C_P と C_Q を以下のように定め，

$$C_P(X') = \bigcup_{i \in P} C_i(X'), \qquad C_Q(X') = \bigcup_{j \in Q} C_j(X') \qquad (X' \subseteq X)$$

関数 R_P と R_Q を

$$R_P(X') = X' \setminus C_P(X'), \qquad R_Q(X') = X' \setminus C_Q(X') \qquad (X' \subseteq X)$$

と定める．

契約集合 $X' \subseteq X$ が**安定**であるとは次の2つの条件を満たすことと定義する．

(HM1) $C_P(X') = C_Q(X') = X'$

(HM2) 以下の条件を満たす $i \in P, j \in Q, x \in X \setminus X'$ が存在しない

$$x \in C_i(X' \cup \{x\}) \text{ かつ } x \in C_j(X' \cup \{x\})$$

(HM1) はそれぞれの主体 $k \in P \cup Q$ が契約集合 $X' \cap X_k$ のどれかを破棄する動機をもたないことを意味しており，X' が k にとって動機制約を満たす契約集合になっていることを意味している．(HM2) はいわゆるブロッキング対が存在しないことを意味している．仮に $x \in C_i(X' \cup \{x\})$ と $x \in C_j(X' \cup \{x\})$ を満たす $i \in P, j \in Q, x \in X \setminus X'$ が存在したとすると，i と j は現状の $X_i \cap X_j \cap X'$ という契約集合よりも x が加わった契約集合をともに好むため，X' は i と j により棄却されてしまう．

次に主体 $k \in P \cup Q$ の選好に関する代替性を定義しよう．k の選好が代替性を満たすとは，

$$C_k(X') \cap X'' \subseteq C_k(X'') \qquad (X'' \subseteq X' \subseteq X) \tag{4.32}$$

と定義する．他の契約 a が新たに選択できる契約集合の中に入ってきたことによって，以前は選ばれていなかった契約 b が a と一緒に選ばれることがあると，契約 a と b には補完性があるといえる．選択関数が代替性 (4.32) を満たすとは，どの契約の組の間にも補完性がないことを保証している．P のすべての主体の選好が代替性を満たすとき，P の選好は代替性を満たすといい．同様に Q のすべての主体の選好が代替性を満たすとき，Q の選好は代替性を満たすということにする．P の選好が代替性を満たすことおよび Q の選好が代替性を満たすことは，それぞれ関数 R_P と R_Q の次の単調性で特徴付けられる[*9]．

$$\begin{aligned} X'' \subseteq X' &\Rightarrow R_P(X'') \subseteq R_P(X') \\ X'' \subseteq X' &\Rightarrow R_Q(X'') \subseteq R_Q(X') \end{aligned} \tag{4.33}$$

後に議論するように，代替性は安定な契約集合が存在するための十分条件である．

安定な契約集合の特徴付けとして次の定理は有用である．

[*9] Hatfield–Milgrom[36] では R_P や R_Q の単調性で代替性を定義しているが，第 2.8 節の代替性に関する議論より，選択関数を用いた定義と等価である．

4.6 Hatfield–Milgrom モデル (HM モデル)

定理 4.11 $(X_P, X_Q) \in 2^X \times 2^X$ が

$$X_P = X \setminus R_Q(X_Q)$$
$$X_Q = X \setminus R_P(X_P) \tag{4.34}$$

を満たせば，$X_P \cap X_Q$ は安定であり，$X_P \cap X_Q = C_P(X_P) = C_Q(X_Q)$ が成立する．逆に P と Q の選好が代替性を満たすとき，任意の安定契約集合 X' に対して，(4.34) を満たす (X_P, X_Q) が存在し，$X' = X_P \cap X_Q$ となる[*10]．

[証明] (X_P, X_Q) が (4.34) を満たすとする．このとき，

$$X_P \cap X_Q = X_P \cap (X \setminus R_P(X_P)) = X_P \setminus R_P(X_P) = C_P(X_P)$$
$$X_P \cap X_Q = (X \setminus R_Q(X_Q)) \cap X_Q = X_Q \setminus R_Q(X_Q) = C_Q(X_Q)$$

となるので，$X_P \cap X_Q = C_P(X_P) = C_Q(X_Q)$ が成立する．次に $X' = X_P \cap X_Q$ が安定であることを示す．$X' = C_P(X_P) = C_Q(X_Q)$ であるから，それぞれの主体の選好順序を考慮すると $X' = C_P(X') = C_Q(X')$ が成立し，(HM1) が成立する．(HM2) が成立することを示そう．ある $i \in P$ と $x \in X \setminus X'$ が存在し，$x \in C_i(X' \cup \{x\})$ であると仮定する．これは

$$x \in X'' \subseteq (X' \cup \{x\}) \cap X_i, \qquad X'' \succ_i X' \cap X_i$$

である X'' の存在を意味する．仮に $x \notin X_Q$ とすると，(4.34) より，$x \notin X \setminus R_P(X_P)$ であるから，$x \in X_P$ かつ $x \notin C_P(X_P)$ である．しかし，$x \in X_P$ であるから，$X'' \subseteq X_P$ となり，i の選好順序を考慮すると $X' = C_P(X_P)$ であることに矛盾する．一方，$x \in X_Q$ ならば，$X' = C_Q(X_Q) \subseteq X' \cup \{x\} \subseteq X_Q$ であるから，Q 側の主体の選好順序を考慮すると $x \notin C_Q(X' \cup \{x\})$ である．すなわち，(HM2) が成立する．

最後に，任意の安定契約集合 X' に対して，主張を満たす (X_P, X_Q) が存在す

[*10] この定理は Hatfield–Milgrom[36] の 1 対多型のモデルでの定理を多対多型に書き換えたものである．元々の定理の仮定では代替性を仮定していない．それは 1 対多のため P の選好の代替性が自動的に成立し，また安定性の概念が強いため Q の選好の代替性も必要としない．本節では代替性のもとで議論をするため，本定理において代替性の仮定が本当に必要であるかの議論には深入りしない．

ることを示す．X' は安定であるから，$X' = C_P(X')$ を満たす．ここで，$\hat{X}_P$ と $\hat{X}_Q$ を次のように

$$\hat{X}_P = \{x \in X \setminus X' \mid x \notin C_P(X' \cup \{x\})\}$$
$$\hat{X}_Q = \{x \in X \setminus X' \mid x \in C_P(X' \cup \{x\})\}$$

と定義すると，明らかに $(X', \hat{X}_P, \hat{X}_Q)$ は X の分割になる．X_P と X_Q を

$$X_P = X' \cup \hat{X}_P, \qquad X_Q = X' \cup \hat{X}_Q$$

と定めると明らかに $X' = X_P \cap X_Q$ である．任意の $x \in \hat{X}_P$ に対して，$x \in R_P(X' \cup \{x\})$ であるから，P の選好が代替性を満たすことより，$x \in R_P(X' \cup \{x\}) \subseteq R_P(X_P)$ となる．すなわち，$\hat{X}_P \subseteq R_P(X_P)$ を得るが，$X' = C_P(X')$ であるから，$X' = C_P(X_P)$ が導かれる．これより，

$$X \setminus R_P(X_P) = X \setminus (X_P \setminus C_P(X_P)) = X \setminus (X_P \setminus X') = X_Q$$

となる．一方，ある $j \in Q$ に対して $C_j(X_Q) \neq X' \cap X_j$ であると仮定する．このとき，X' は (HM1) を満たすので，ある $x \in X_Q \setminus X'$ が存在し $x \in C_j(X_Q)$ であるが，j の選好が代替性を満たすため，$x \in C_j(X_Q) \cap (X' \cup \{x\}) \subseteq C_j(X' \cup \{x\})$ となる．しかし，この事実と $x \in \hat{X}_Q$ に属することは，X' が (HM2) を満たすことに矛盾する．すなわち，$C_Q(X_Q) = X'$ でなければならない．これより，

$$X \setminus R_Q(X_Q) = X \setminus (X_Q \setminus C_Q(X_Q)) = X \setminus (X_Q \setminus X') = X_P$$

となる．以上より，(X_P, X_Q) は (4.34) を満たす． $\square$

次に P と Q の選好が代替性を満たす場合には，必ず安定契約集合が存在することを，Tarski の不動点定理 (付録 B.2 の定理 B.1) を用いて示す．

P と Q の選好が代替性を満たすので，定理 4.11 より，安定契約集合を求めることと (4.34) を満たす (X_P, X_Q) を求めることは等価となる．そこで，次のような $2^X \times 2^X$ 上の半順序関係 $\leq$ を導入する．

$$(X'_P, X'_Q) \leq (X_P, X_Q) \iff (X'_P \subseteq X_P \text{ かつ } X'_Q \supseteq X_Q) \qquad (4.35)$$

(X_P, X_Q) と (X'_P, X'_Q) に対して，これらの上限と下限が，(4.35) より

4.6 Hatfield–Milgrom モデル (HM モデル)

$$\sup\{(X_P, X_Q), (X'_P, X'_Q)\} = (X_P \cup X'_P, X_Q \cap X'_Q)$$
$$\inf\{(X_P, X_Q), (X'_P, X'_Q)\} = (X_P \cap X'_P, X_Q \cup X'_Q)$$

と定まるため, $(2^X \times 2^X, \leq)$ は束であり, 特に X が有限集合であるから完備束となる. さらに, 2つの写像 $F_1, F_2 : 2^X \to 2^X$ と写像 $F : 2^X \times 2^X \to 2^X \times 2^X$ を次のように定義する.

$$\begin{aligned} F_1(X') &= X \setminus R_Q(X') & (X' \subseteq X) \\ F_2(X') &= X \setminus R_P(X') & (X' \subseteq X) \\ F(X_P, X_Q) &= \bigl(F_1(X_Q), F_2(F_1(X_Q))\bigr) & (X_P, X_Q \subseteq X) \end{aligned} \quad (4.36)$$

P と Q の選好が代替性を満たすこと (すなわち R_P と R_Q の単調性) より以下のように F は完備束 $(2^X \times 2^X, \leq)$ における単調写像となる. 任意の (X'_P, X'_Q) と (X_P, X_Q) をとり, $(X'_P, X'_Q) \leq (X_P, X_Q)$ とする. $X'_Q \supseteq X_Q$ であるから, R_Q の単調性より, $R_Q(X'_Q) \supseteq R_Q(X_Q)$ となるので, $F_1(X'_Q) \subseteq F_1(X_Q)$ となる. さらに, R_P の単調性より, $R_P(F_1(X'_Q)) \subseteq R_P(F_1(X_Q))$ となるので, $F_2(F_1(X'_Q)) \supseteq F_2(F_1(X_Q))$ となる. 以上より, $F(X'_P, X'_Q) \leq F(X_P, X_Q)$ を得るので, F は単調写像である.

(4.36) で定義される F は完備束 $(2^X \times 2^X, \leq)$ における単調写像なので, Tarski の不動点定理 (定理 B.1) より, F の不動点 (X_P, X_Q) が存在する. すなわち,

$$X_P = F_1(X_Q) = X \setminus R_Q(X_Q)$$
$$X_Q = F_2(F_1(X_Q)) = F_2(X_P) = X \setminus R_P(X_P)$$

であり, (X_P, X_Q) は (4.34) を満たすので, 定理 4.11 より, $X_P \cap X_Q$ は安定契約集合である. 逆に (4.34) を満たす (X_P, X_Q) は, (4.36) で定める単調写像 F の不動点であるから, (4.34) を満たす (X_P, X_Q) 全体は, Tarski の不動点定理 (定理 B.1) より, $\leq$ に関して完備束となる.

上記の議論は, 単に安定契約集合の存在を示しているばかりでなく, その求め方も示唆している. 例えば, $(X_P, X_Q) = (\emptyset, X)$ から順次 F を作用させれば, F の単調性より有限回の反復で F の不動点に至る.

以上をまとめると以下の定理を得る.

定理 4.12 X を契約の全体集合とし，選択関数 C_P と C_Q が代替性 (4.32) を満たすならば安定契約集合が存在する．

4.7 モデル間の関係

最後に前節で紹介した HM モデルと今まで紹介したモデルの関係について議論をしよう．

4.7.1 割当モデルと HM モデル

割当モデル (第 3.1 節) との関係を議論する．割当モデルは，以下の 2 点において一見したところ HM モデルでは表現できないように思える．

- 割当モデルでは手付けが連続量であるが，HM モデルでは契約集合が有限である
- 割当モデルでは主体 k にとって，異なる異性が同じ利得を与えることがありえる．すなわち割当モデルは無差別を許すが，HM モデルは契約集合に全順序関係を定める必要があり，無差別を許さない

まず第 1 点について，割当モデルの入力であるベクトル a,b の成分が整数値あるいは $-\infty$ をとる場合は，安定解 (X,q,r) の q,r が整数ベクトルとなるものが存在する[*11)]．a,b の成分に整数値あるいは $-\infty$ という制限を加えることは，数学的に一般性を失う可能性があるが，経済モデルを扱うという立場では貨幣は離散的と制限しても妥当であると思われる．a,b の成分が整数値あるいは $-\infty$ という前提のもとでは，契約の全体集合 X を

$$X = \{(i,j,w) \mid i \text{ と } j \text{ は互いに許容し，} w \text{ は } -a_{ij} \leq w \leq b_{ij} \text{ である整数}\}$$

とできる．各男性 $i \in P$ は関連する契約 (i,j,w) について利得 $a_{ij}+w$ を用いて X_i 内の契約に順序を付け，各女性 $j \in Q$ は関連する契約 (i,j,w) について

[*11)] 付録 A.2 では，制約条件の係数行列が完全単模の場合は，制約の右辺定数ベクトルが整数ベクトルならば，主問題の基底解は整数性をもつことを示している．これと同様に，制約条件の係数行列が完全単模の場合は，目的関数の係数がすべて整数ならば双対問題の基底解は整数性を有する．

$b_{ij} - w$ を用いて X_j 内の契約に順序を付ける．ここで問題になるのは同じ利得を与える契約が存在する点であるが，安定解の存在だけを示したいのならば，無差別な契約同士に適当な全順序関係を与えるだけでこの点は回避できる．

各主体 k の選択関数 C_k は，与えられた契約集合から一番好ましい契約を高々1つ選ぶと定めると，明らかに代替性の特徴付け (4.33) を満たす．

このように選択関数を定めると HM モデルの安定契約集合 X' から割当モデルの安定解を導けることを示そう．(HM1) $C_P(X') = C_Q(X') = X'$ であるためには X' はマッチングに対応していなければならず，X の定義より，(a2) と X' で飽和な主体の利得は 0 以上であることが導かれる．X' で不飽和な主体の利得は 0 とみなすことにすれば，(a3) も成立する．また (HM2) は，$q_i < a_{ij} + w$ かつ $r_j < b_{ij} - w$ となる (i, j) は存在しないことを示しているので，(a4) の後半も成立している．以上より，割当モデルは HM モデルで表現でき，安定解の存在も導ける．

4.7.2　M$^{\natural}$凹安定結婚モデルと HM モデル

第 4.4 節の M$^{\natural}$凹安定結婚モデルと HM モデルの関係を議論しよう．M$^{\natural}$凹安定結婚モデルでは無差別を許すが，各成分が十分小さい $w \in \mathbf{R}^{E(k)}$ を適当に選ぶことで，$f'_k = (f_k + w)$ が $x, y \in \mathrm{dom} f_k$ で $x \neq y$ ならば $f'(x) \neq f'(y)$，かつ $f(x) < f(y)$ ならば $f'(x) < f'(y)$ を満たすようにできる．f_k の代わりに f'_k を用いれば k の元々の選好順序に矛盾することなく，無差別をなくすとができる．すなわち，M$^{\natural}$凹安定結婚モデルで安定割当の存在のみを議論の対象とするならば，無差別はないとしても一般性は失わない．一方，M$^{\natural}$凹安定結婚モデルを簡単に HM モデルに変換できない部分は，M$^{\natural}$凹安定結婚モデルでは $i \in P$ と $j \in Q$ の間の割当 $x(i, j)$ は 2 以上となることも許しているところである．これについては，2 通りの契約集合の構成法が考えられるだろう．ここで，各 $(i, j) \in E$ に対して，$u(i, j) \in \mathbf{Z}$ を i と j の間の割当 $x(i, j)$ の上界，すなわち，

$$x \in \mathrm{dom} f_i \Rightarrow x(i, j) \leq u(i, j) \text{ かつ } x \in \mathrm{dom} f_j \Rightarrow x(i, j) \leq u(i, j)$$

を満たす整数とする．

第1の方法は，契約を $i \in P, j \in Q$，両者の間の割当 $x(i,j) = \beta \in [1, u(i,j)]$ の3つ組で表す方法，すなわち，

$$X = \{(i,j,\beta) \mid i \in P, j \in Q, \beta \in \mathbf{Z} : 1 \leq \beta \leq u(i,j)\} \tag{4.37}$$

とする方法である．第1の方法では契約 (i,j,β) は男性 i と女性 j がワルツを β 回踊る契約と解釈する．M♮凹安定結婚モデルは M♮凹評価関数をもつモデルであるから代替性を内在している．しかし，第1の方法では代替性が保存されないことが最大の問題点である．例えば，$P = \{i\}$, $Q = \{a, b\}$, $u(i, a) = 1$, $u(i, b) = 2$ の場合に男性 i の選好順序が

$$\{(i,a,1),(i,b,1)\} \succ_i \{(i,a,1)\} \succ_i \{(i,b,2)\} \succ_i \{(i,b,1)\} \succ_i \varnothing$$

であったとする（上記以外は非許容とする）．割当を $(x(i,a), x(i,b))$ という2次元ベクトルで表現すると上の選好順序は，M♮凹関数 f_i（$\mathrm{dom} f_i$ 上では線形）

$$f_i(1,1) = 4, \quad f_i(1,0) = 3, \quad f_i(0,2) = 2, \quad f_i(0,1) = 1, \quad f_i(0,0) = 0$$

を用いて表現できるので，選好順序は本来代替性を有している．しかし，X 上での i の選択関数を C_i とすると

$$C_i(\{(i,b,2),(i,b,1)\}) = \{(i,b,2)\}$$
$$C_i(\{(i,b,2),(i,b,1),(i,a,1)\}) = \{(i,a,1),(i,b,1)\}$$

となり，代替性 (4.32) を満たさない．

第2の方法では，契約の全体集合 X は (4.37) と同様に定義する．ただし，契約の解釈が第1の方法とは異なり，契約のコピーを作成したとみなす．例えば，i と j がワルツを1回踊るという独立した契約が $u(i,j)$ 種類存在し，(i,j,β) はその β 番目の契約と解釈する（i と j が β 番目に踊るのではないことに注意されたい）．契約 (i,j,β) に対して，$y(i,j,\beta)$ という変数を導入する．さらに，X の部分集合 X' を次のように定義されるベクトル $y = (y(i,j,\beta) : i \in P, j \in Q, \beta \in [1, u(i,j)]) \in \{0,1\}^X$ で表現する．

$$(i,j,\beta) \in X' \iff y(i,j,\beta) = 1$$
$$(i,j,\beta) \notin X' \iff y(i,j,\beta) = 0$$

4.7 モデル間の関係

ベクトル $y \in \{0,1\}^X$ に対して,ベクトル $x_y \in \mathbf{Z}^E$ を

$$x_y(i,j) = \sum_{\beta=1}^{u(i,j)} y(i,j,\beta) \qquad ((i,j) \in E)$$

と定義し,$f'_P, f'_Q : \{0,1\}^X \to \mathbf{R} \cup \{-\infty\}$ を f_P, f_Q を用いて

$$f'_P(y) = f_P(x_y), \qquad f'_Q(y) = f_Q(x_y) \qquad (y \in \{0,1\}^X)$$

と定義する.f'_P と f'_Q はこのままでは $y \neq y'$ でも $x_y = x_{y'}$ が起こりえるので無差別を許すのであるが,最初に議論したように無差別を除くことができるので,f'_P と f'_Q は無差別を許さないと仮定できる.次の性質は有用である.

主張:f_P と f_Q が M♮凹関数ならば,f'_P と f'_Q も M♮凹関数である.

[証明] ここでは,f'_P が M♮凹関数であることを証明する.$y, y' \in \mathrm{dom} f'_P$,$(i,j,\beta) \in \mathrm{supp}^+(y-y')$ とする.もし $x_y(i,j) \leq x_{y'}(i,j)$ ならば,$(i,j,\beta') \in \mathrm{supp}^-(y-y')$ が存在するので,

$$f'_P(y) + f'_P(y') = f'_P(y - \chi_{(i,j,\beta)} + \chi_{(i,j,\beta')}) + f'_P(y' + \chi_{(i,j,\beta)} - \chi_{(i,j,\beta')})$$

となる.次に $x_y(i,j) > x_{y'}(i,j)$ とする.f_P の M♮凹性 (より正確には f_i の M♮凹性) より,

$$f_P(x_y) + f_P(x_{y'}) \leq f_P(x_y - \chi_{(i,j)}) + f_P(x_{y'} + \chi_{(i,j)})$$

または $x_y(i,j') < x_{y'}(i,j')$ である (i,j') が存在し,

$$f_P(x_y) + f_P(x_{y'}) \leq f_P(x_y - \chi_{(i,j)} + \chi_{(i,j')}) + f_P(x_{y'} + \chi_{(i,j)} - \chi_{(i,j')})$$

となる.前者は

$$f'_P(y) + f'_P(y') \leq f'_P(y - \chi_{(i,j,\beta)}) + f'_P(y' + \chi_{(i,j,\beta)})$$

を導き,後者は $y(i,j',\beta') < y'(i,j',\beta')$ である (i,j',β') が存在し,

$$f'_P(y) + f'_P(y') \leq f'_P(y - \chi_{(i,j,\beta)} + \chi_{(i,j',\beta')}) + f'_P(y' + \chi_{(i,j,\beta)} - \chi_{(i,j',\beta')})$$

が成り立つことを導く．いずれにしても，f'_P は (M♮) を満たしている． □

f'_P, f'_Q は M♮凹関数であるから，選択関数 C_P と C_Q を

$$C_P(y) = \arg\max\{f'_P(x) \mid x \leq y\}$$
$$C_Q(y) = \arg\max\{f'_Q(x) \mid x \leq y\}$$
$$(y \in \{0,1\}^X)$$

と定めると，補題 2.20 より，C_P も C_Q も代替性 (4.32) を満たす．定理 4.12 より，安定契約集合 $X' \subseteq X$ が存在するが，X' に対応する $x \in \mathbf{Z}^E$ は以下のように M♮凹安定結婚モデルの安定割当である．X' が (HM1) を満たすことから x が動機制約を満たすことが導かれる．一方，補題 4.5 より，x が仮に不安定であるとすると，ある男性 $i \in P$ とある女性 $j \in Q$ が存在し，(4.12)〜(4.15) を満たしかつ $y'(i,j) = y''(i,j) = x(i,j)+1$ を満たす $y' \in \mathbf{Z}^{E(i)}$ と $y'' \in \mathbf{Z}^{E(j)}$ が存在する．このことより，ある $(i,j,\beta) \in X \setminus X'$ が存在し，$(i,j,\beta) \in C_i(X' \cup \{(i,j,\beta)\})$ かつ $(i,j,\beta) \in C_j(X' \cup \{(i,j,\beta)\})$ となり，X' が (HM2) を満たすことに反する．すなわち，x は安定でなければならない．以上のように M♮凹安定結婚モデルを HM モデルに変換し，安定割当の存在も示すことができる．

4.7.3 多対多型割当モデルと HM モデル

最後に第 3.3 節で扱った多対多型割当モデルと HM モデルの関係について議論する．多対多型割当モデルもペア (i,j) に対して複数の割当を許すので，前節での契約集合 X の第 1 の構成法は代替性を保存しないという点で利用できないであろう．利用可能なのは，第 2 の構成法である．前節と異なる点はそれぞれの契約が，$i \in P$, $j \in Q$, j から i への手付け額 w，契約の番号 β を用いて，(i,j,w,β) という形をしている点である．このような契約の全体集合を構築すると代替性も保存され，安定契約集合 X' の存在が保証される．しかし問題は，(i,j,w,β) と (i,j,w',β') という i と j の間の 2 つの異なる契約が X' に含まれているとき，$w \neq w'$ とすると，多対多型割当モデルの実行可能解へと変換ができない．また，$w = w'$ という保証もない．以上のように，HM モデルは多対多型割当モデルを包含できないように思われる．

第 5.2 節では，多対多型割当モデルを包含する手付け制限付き M♮凹評価関数モデルを紹介するが，以上の議論から手付け制限付き M♮凹評価関数モデ

はHMモデルには包含されない．逆に，手付け制限付きM$^\natural$凹評価関数モデルはM$^\natural$凹評価関数を用いているため代替性を内在するが，M$^\natural$凹評価関数では表現できない代替性をもつ選好順序も存在するので，手付け制限付きM$^\natural$凹評価関数モデルもHMモデルを含むことはない．以上より，手付け制限付きM$^\natural$凹評価関数モデルとHMモデルは独立なモデルと思われる．

5 割当モデルと安定結婚モデルの統一モデル

本章では，割当モデルと安定結婚モデルの両方を包含するモデルとして，手付けに上下限制約を付けるというアイデアを導入したものを2つ紹介する．第5.1節では手付け制限付き割当モデルを紹介する．これは割当モデルと安定結婚モデルの自然な統一モデルである．第5.2節では，手付け制限付き割当モデルに評価関数を導入することで一般化したモデルを扱う．第5.3節と第5.4節では，安定解の存在を示すためのアイデアと存在証明を与える．第5.5節では，本題中の諸性質の証明を与える．

5.1 手付け制限付き割当モデル

次節で扱う「手付け制限付き $M^{\natural}$ 凹評価関数モデル」の準備として，手付け制限付き割当モデルを紹介しよう．これは，割当モデルと安定結婚モデルの自然な統一モデルである．

設定は割当モデルと同様に，互いに素な主体の有限集合 P と Q，これらの直積 $E = P \times Q$，およびペアを組んだときの収益を表す2つのベクトル $a, b \in (\mathbf{R}_+ \cup \{-\infty\})^E$ が与えられている．a と b の解釈は割当モデル（第3.1節）と同様である．割当モデルと同様に，$i \in P$ と $j \in Q$ が互いに許容できる（すなわち $a_{ij}, b_{ij} \geq 0$ である）場合に，彼らが組むことでそれぞれ a_{ij} と b_{ij} の収益をあげるが，彼らは総収益 $a_{ij} + b_{ij}$ を分配できるとする．i と j が組むかどうかはこの分配の仕方にも依存し，分配の仕方を j から i への手付け s_{ij} を用いて $a_{ij} + s_{ij}$, $b_{ij} - s_{ij}$ と表現する．i と j が組む動機をもつためには暗黙のうちに $-a_{ij} \leq s_{ij} \leq b_{ij}$ が成立するはずである．割当モデルでは手付けに

5.1 手付け制限付き割当モデル

まったく制限がないが，手付け制限付き割当モデルでは手付けの上下限制約を陽に2つのベクトル $\underline{\pi} \in (\mathbf{R} \cup \{-\infty\})^E$ と $\overline{\pi} \in (\mathbf{R} \cup \{+\infty\})^E$ ($\underline{\pi} \leq \overline{\pi}$ とする) を用いて表すことを許す．すなわち，手付け制限付き割当モデルの入力は $(P, Q, a, b, \underline{\pi}, \overline{\pi})$ である．

手付け制限付き割当モデルでは，割当モデルや安定結婚モデルと同様に，それぞれの主体の利益を表すベクトル $q = (q_i : i \in P) \in \mathbf{R}^P$, $r = (r_j : j \in Q) \in \mathbf{R}^Q$ と部分集合 $X \subseteq E$ の組 (X, q, r) に対して，以下の条件が成り立つとき (X, q, r) を安定であるという．

(c1) X はマッチングである

(c2) すべての $(i, j) \in X$ に対し $\underline{\pi}_{ij} \leq s_{ij} \leq \overline{\pi}_{ij}$ である s_{ij} が存在し，$q_i = a_{ij} + s_{ij}$ かつ $r_j = b_{ij} - s_{ij}$

(c3) i が X において不飽和ならば $q_i = 0$, j が X において不飽和ならば $r_j = 0$

(c4) $q, r \geq \mathbf{0}$, かつすべての $(i, j) \in E$ とすべての $\alpha \in [\underline{\pi}_{ij}, \overline{\pi}_{ij}]$ に対し $q_i \geq a_{ij} + \alpha$ または $r_j \geq b_{ij} - \alpha$

(c1) は割当モデル (第 3.1 節) の (a1) や安定結婚モデル (第 4.1 節) の (m1) と同様にパートナーシップを結ぶ集合はマッチングに限ることを意味している．(c2) は，X 内の組 (i, j) では，手付け s_{ij} の上下限制約を満たすように i と j は総収益 $a_{ij} + b_{ij}$ を q_i と r_j に分け合うことを意味している．割当モデルの (a2) では，手付けに制限がまったくないので $q_i + r_j = a_{ij} + b_{ij}$ とし，安定結婚モデルの (m2) では，手付けが許されないため，すなわち $s_{ij} = 0$ であるため，$q_i = a_{ij}$ かつ $r_j = b_{ij}$ としていると解釈できる．(c3) は，(a3) や (m3) と同様にパートナーがいない主体は利益が 0 であることを意味している．安定性の本質は (c4) であり，すべての主体の利益は非負であり，さらに手付けの制約を満たしつつパートナーシップを構築することで両者の利益が増すような組 $(i, j) \notin X$ が存在しないことを主張している．

手付け制限付き割当モデルにおける安定解の存在については，これを包含する次節の手付け制限付き M♮ 凹評価関数モデルでの安定解の存在から直ちに導かれる．

手付け制限付き割当モデルが，割当モデルと安定結婚モデルを含むモデルで

あることを確認しよう.

例 5.1 (割当モデルとの関係) 割当モデルは手付けに制限がないので, $\underline{\pi} = (-\infty, \ldots, -\infty)$ かつ $\overline{\pi} = (+\infty, \ldots, +\infty)$ とする. この場合には, (c1)〜(c4) は (a1)〜(a4) と一致する. $\underline{\pi}$ と $\overline{\pi}$ の設定の仕方より s_{ij} には制限がないので, (c2) と (a2) は明らかに一致する. また自明に (a4) から (c4) が導かれる. 逆に, $q_i + r_j < a_{ij} + b_{ij}$ ならば, 適当な $\alpha \in \mathbf{R}$ を用いて $q_i < a_{ij} + \alpha$ かつ $r_j < b_{ij} - \alpha$ とできるので, (c4) において α には制限がないことを考慮すると, (c4)⇒(a4) の対偶が示せる. ∎

例 5.2 (安定結婚モデルとの関係) 安定結婚モデルでは手付けを許さないので, $\underline{\pi} = \overline{\pi} = \mathbf{0}$ とする. このとき, (c1)〜(c4) は (m1)〜(m4) と一致する. 示すべきは, (c2)⇔(m2) と (c4)⇔(m4) であるが, $\underline{\pi}$ と $\overline{\pi}$ の設定の仕方より, s_{ij} も α も 0 でなければならず, これらの同値性は自明に成立する. ∎

例 5.3 (Eriksson–Karlander モデルとの関係) Eriksson–Karlander[18] は, 割当モデルと安定結婚モデルのハイブリッド版ともいえるモデルを提案した. このモデルの入力は, 第 3.1 節の割当モデルや第 4.1 節の安定結婚モデルの (P, Q, a, b) に加え, P と Q の分割 (P_F, P_R) と (Q_F, Q_R) である. $P_F \cup Q_F$ 内の主体は, "柔軟" で手付けについて何も制限されていない. 一方, $P_R \cup Q_R$ 内の主体は, "厳格" で手付けの受渡しを一切許さない. Eriksson–Karlander は, 法科大学院の修了生と就職先の割当を例にとり, 柔軟な主体と厳格な主体の意味付けをしている. 法科大学院の修了生も弁護士事務所も給与は固定されたものではなく互いの交渉で決まるので, 修了生と弁護士事務所は柔軟な主体の例となる. 一方, 裁判所や検察など公的な機関での給与は前もって固定されているので, 裁判所と検察は厳格な主体の例となる. 手付けのやり取りは, P_F と Q_F の主体間でのみできるとし, $E = P \times Q$ を $E_F = P_F \times Q_F$ と $E_R = E \setminus E_F$ に分割する. E_F の元は手付けを許す柔軟な組とみなせ, E_R の元は手付けを許さない厳格な組とみなせる. Eriksson–Karlander モデルでは, $X \subseteq E$, $q \in \mathbf{R}^P$, $r \in \mathbf{R}^Q$ の組 (X, q, r) の安定性を以下のように定義する.

(h1) X はマッチング

(h2) すべての $(i,j) \in X$ に対して $q_i + r_j = a_{ij} + b_{ij}$, さらにすべての $(i,j) \in X \cap E_R$ に対して $q_i = a_{ij}$ かつ $r_j = b_{ij}$

(h3) i が X において不飽和ならば $q_i = 0$, j が X において不飽和ならば $r_j = 0$

(h4) $q, r \geq \mathbf{0}$, 任意の $(i,j) \in E_F$ に対して $q_i + r_j \geq a_{ij} + b_{ij}$, かつ任意の $(i,j) \in E_R$ に対して $q_i \geq a_{ij}$ または $r_j \geq b_{ij}$

(h1)〜(h4) はまさに (a1)〜(a4) と (m1)〜(m4) のハイブリッド版といえる．(h2) では，柔軟な組に対しては (a2) の条件を採用し，厳格な組に対しては (m2) の条件を採用している．同様に (h4) でも，柔軟な組に対しては (a4) の条件を採用し，厳格な組に対しては (m4) の条件を採用している．定義より，Eriksson–Karlander モデルは割当モデルと安定結婚モデルの両方を包含する．一方，$e \in E_F$ に対して $\underline{\pi}(e) = -\infty$ かつ $\overline{\pi}(e) = +\infty$ とし，$e \in E_R$ に対して $\underline{\pi}(e) = \overline{\pi}(e) = 0$ とすることで，Eriksson–Karlander モデルを手付け制限付き割当モデルとして素直に表現できる．さらに例 5.1 と例 5.2 のように安定性も同一である．Eriksson–Karlander モデルでは，E のどのような分割 (E_F, E_R) に対しても安定解が存在することがいえる．これは手付け制限付き割当モデルに安定解が存在することからも分かる．

Eriksson–Karlander[18)] では $|P| = |Q|$ の場合を議論の対象としていたが，Sotomayor[81)] はこの条件を外したモデルを扱った．藤重–田村[29)] では，Eriksson–Karlander モデルに M♮凹評価関数を導入したモデルを提案しているが，これは次節の手付け制限付き M♮凹評価関数モデルの特殊な場合である．∎

5.2 手付け制限付き M♮凹評価関数モデル

以下では P を労働者集合とし，Q を雇用者集合として説明しよう．労働者が供給するあるいは雇用者が求める労働時間は離散的とし，整数単位で扱うとする．それぞれの労働者 $i \in P$ は複数単位の労働時間を供給でき，複数の雇用者のもとでそれぞれ複数時間働くことを許す．またそれぞれの雇用者 $j \in Q$ は複数の労働者を雇用し，また同一労働者を複数単位で雇用できるとする．雇用

者 j が労働者 i を雇用するときは, j から i に給与を支払うとする. 単位時間あたりの給与額も固定されたものではなく, それぞれの労働者と雇用者の組 (i,j) に対して, 単位時間あたりの給与の上下限だけが設定されているとする. それぞれの主体 $k \in P \cup Q$ は, k に割り当てられた労働時間を貨幣価値に換算した評価関数を用いて評価できると仮定する. ただし, この評価関数は他の主体の労働時間の割当には依存せず, 自分自身に関する労働時間の割当のみによるとする. このモデルで, 特に評価関数が $\mathrm{M}^{\natural}$ 凹関数である場合を手付け制限付き $\mathrm{M}^{\natural}$ 凹評価関数モデルとよぶことにする.

まずはモデルを数学的に記述しよう. 労働者と雇用者の組全体からなる集合を E, すなわち $E = P \times Q$ とする. それぞれの労働者 i に対して $E_{(i)} = \{i\} \times Q$ とし, それぞれの雇用者 j に対して $E_{(j)} = P \times \{j\}$ と定める. 雇用者 j が労働者 i を雇用する時間単位数を $x(i,j)$ とし, 労働割当をベクトル $x = (x(i,j) : (i,j) \in E) \in \mathbf{Z}^E$ を用いて表現する. 単位労働時間あたりの給与の上下限を 2 つのベクトル $\underline{\pi} \in (\mathbf{R} \cup \{-\infty\})^E$ と $\overline{\pi} \in (\mathbf{R} \cup \{+\infty\})^E$ により表し, $\underline{\pi} \leq \overline{\pi}$ が成立しているとする. ベクトル $y \in \mathbf{R}^E$ とそれぞれの主体 $k \in P \cup Q$ に対して, y の $E_{(k)}$ への制限を $y_{(k)}$ と表記する. 例えば, 労働割当 $x \in \mathbf{Z}^E$ に対して, $x_{(k)}$ は x に関する k の労働割当を表現している. 先にも述べたように, それぞれの主体 $k \in P \cup Q$ は, 他の主体の労働時間の割当には依存せず, k に割り当てられた労働時間を貨幣価値に換算した評価関数を用いて評価できると仮定する. すなわち, それぞれの主体 $k \in P \cup Q$ は, $E_{(k)}$ 上で定義される評価関数 $f_k : \mathbf{Z}^{E_{(k)}} \to \mathbf{R} \cup \{-\infty\}$ をもつとする. また, それぞれの評価関数 f_k は以下の前提条件を満たすと仮定する.

(A) $\mathrm{dom} f_k$ は有界, 遺伝的で $\mathbf{0}$ を最小点としてもつ

ここで遺伝的とはすべての $y, y' \in \mathbf{Z}^{E_{(k)}}$ に対して, $\mathbf{0} \leq y' \leq y \in \mathrm{dom} f_k$ ならば $y' \in \mathrm{dom} f_k$ が成立することを意味する. 実効定義域の有界性はそれぞれの評価関数が雇用者の予算制約や労働者の労働時間に関する制約を暗に含んでいることを意味している. また, 実効定義域が遺伝的であることは, それぞれの主体は (契約前であれば) 相手の許可なく労働時間を減らすことができることを意味している. $\mathbf{0}$ は, 雇用者が誰も雇わないこと, あるいは労働者がまったく働かないことを意味している.

5.2 手付け制限付き $M^{\natural}$ 凹評価関数モデル

ベクトル $x \in \mathbf{Z}^E$ がすべての $k \in P \cup Q$ に対して $x_{(k)} \in \text{dom} f_k$ を満たすとき，x を実行可能労働割当といい，ベクトル $s \in \mathbf{R}^E$ がすべての $(i,j) \in E$ に対して $\underline{\pi}(i,j) \leq s(i,j) \leq \overline{\pi}(i,j)$ を満たすとき，s を実行可能給与ベクトルという．さらに，実行可能労働割当 $x \in \mathbf{Z}^E$ と実行可能給与ベクトル $s \in \mathbf{R}^E$ の組 (x,s) を実行可能解とよぶことにする．

それぞれの主体の利得関数を以下のように定義する．労働者 $i \in P$ の解 (x,s) に関する利得を

$$(f_i + s_{(i)})(x_{(i)}) = f_i(x_{(i)}) + \sum_{j \in Q} s(i,j) x(i,j)$$

と定める．この値は，労働割当 x に関する i の貨幣評価に i の労働による総収入を加えたものである．一方，雇用者 $j \in Q$ の解 (x,s) に関する利得を

$$(f_j - s_{(j)})(x_{(j)}) = f_j(x_{(j)}) - \sum_{i \in P} s(i,j) x(i,j)$$

と定める．この値は，労働割当 x に関する j の貨幣評価に j が労働者を雇用することで支払う給与の総額を引いたものである．

実行可能解 (x,s) に関して，どの主体も現在の給与 s のもとで労働時間を x から減らす動機を (労働時間を減らしても利得が増加することはないという意味で) もたないとき，すなわち以下が成立するとき

$$(f_i + s_{(i)})(x_{(i)}) = \max\{(f_i + s_{(i)})(y) \mid y \leq x_{(i)}\} \qquad (i \in P) \qquad (5.1)$$

$$(f_j - s_{(j)})(x_{(j)}) = \max\{(f_j - s_{(j)})(y) \mid y \leq x_{(j)}\} \qquad (j \in Q) \qquad (5.2)$$

(x,s) は動機制約を満たすという．

次に安定性の定義を与えよう．ベクトル $s \in \mathbf{R}^E$，実数 $\alpha \in \mathbf{R}$，労働者 $i \in P$，雇用者 $j \in Q$ に対して，$(s_{(i)}^{-j}, \alpha)$ は $s_{(i)}$ の (i,j) 成分のみを α に置き換えて得られるベクトルを表すとする．また $(s_{(j)}^{-i}, \alpha)$ も同様に定義する．実行可能解 (x,s) が不安定であるとは，(x,s) が動機制約を満たさないか，あるいはある労働者 $i \in P$，雇用者 $j \in Q$，j から i の新たな給与 $\alpha \in [\underline{\pi}(i,j), \overline{\pi}(i,j)]$，$i$ と j に関する労働割当 $y' \in \mathbf{Z}^{E(i)}$ と $y'' \in \mathbf{Z}^{E(j)}$ が存在し，以下の条件が成立することと定義する．

$$(f_i + s_{(i)})(x_{(i)}) < (f_i + (s_{(i)}^{-j}, \alpha))(y') \tag{5.3}$$

$$y'(i, j') \leq x(i, j') \qquad (j' \in Q \setminus \{j\}) \tag{5.4}$$

$$(f_j - s_{(j)})(x_{(j)}) < (f_j - (s_{(j)}^{-i}, \alpha))(y'') \tag{5.5}$$

$$y''(i', j) \leq x(i', j) \qquad (i' \in P \setminus \{i\}) \tag{5.6}$$

$$y'(i, j) = y''(i, j) \tag{5.7}$$

雇用者 j から労働者 i への単位時間あたりの給与を $s(i, j)$ から α に変更したとき,条件 (5.3) と (5.4) は,労働者 i が j 以外の雇用者との労働時間を増やすことなく,j に対する労働時間を変更することで利得を厳密に増やすことができることを意味している.また,条件 (5.5) は (5.6) は,雇用者 j が i 以外の労働者の雇用時間を増やすことなく,i の雇用時間を変更することで利得を厳密に増やすことができることを意味している.さらに,条件 (5.7) は,i と j が両者間の労働時間について合意していることを意味している.すなわち,(x, s) が不安定であるとは,1 主体が労働割当を減らすことで利得を厳密に増加させることができるか,雇用者と労働者の 1 組が両者間の給与とそれぞれの労働時間を変更することで両者の利得を厳密に増加させることができる状態である.実行可能解 (x, s) が不安定でないとき,これを**安定**であるという.

ここで上記で定義した不安定性より弱い不安定性の概念と,これに付随する強い安定性の概念を導入する.これらの概念は多少人工的ではあるが,安定解の存在を示すためには有用であり,また元々の安定性とも深い関わりをもつものである.実行可能解 (x, s) に対して,これが動機制約を満たさないか,あるいはある労働者 $i \in P$,雇用者 $j \in Q$,j から i の新たな給与 $\alpha \in [\underline{\pi}(i,j), \overline{\pi}(i,j)]$,$i$ と j に関する労働割当 $y' \in \mathbf{Z}^{E(i)}$ と $y'' \in \mathbf{Z}^{E(j)}$ が存在し,(5.3)〜(5.6) が成立するとき (必ずしも (5.7) を満たす必要はない),(x, s) を**準不安定**であるという.条件 (5.7) の要請なしで条件 (5.3)〜(5.6) は,i と j は両者間の労働時間の合意はないが,両者間の給与 (給与額については合意があるとみなす) とそれぞれの思惑のもとで労働割当を変更することで利得を厳密に増加させられることを意味している.また,実行可能解 (x, s) が準不安定でないとき,**厳安定**であるという.

安定性に関する 2 つの概念を導入したが,定義から不安定ならば準不安定で

あるから，厳安定ならば安定である．i と j に両者間の労働時間の合意がない点が不自然に思えるが，この条件を除くことで条件 (5.3)〜(5.6) を i の条件と j の条件に分離できるという技術的な利点がある．また，後に述べるがある種の仮定のもとでは，厳安定解と安定解が一致したり，厳安定な解から安定な解を導ける点でも有用な概念である．

厳安定性は以下のように表現することもできる．実行可能解 (x,s) が厳安定であるための必要十分条件は，条件 (5.1) と (5.2) が成立し，さらにすべての $i \in P, j \in Q, \underline{\pi}(i,j) \leq \alpha \leq \overline{\pi}(i,j)$ を満たす任意の $\alpha \in \mathbf{R}$ に対して，

$$(f_i + s_{(i)})(x_{(i)}) \geq \max\{(f_i + (s_{(i)}^{-j}, \alpha))(y) \mid y(i,j') \leq x(i,j'), \forall j' \neq j\} \tag{5.8}$$

が成立する，または

$$(f_j - s_{(j)})(x_{(j)}) \geq \max\{(f_j - (s_{(j)}^{-i}, \alpha))(y) \mid y(i',j) \leq x(i',j), \forall i' \neq i\} \tag{5.9}$$

が成立することである．条件 (5.8) と (5.9) は，それぞれの組 $(i,j) \in E$ と i と j の間の実行可能な給与 α に対して，他のパートナーとの労働時間を増やすことなく i と j の両者が同時に利得を厳密に増やすことはできないことを意味している．

次の例は安定性と厳安定性の差を表している．

例 5.4 $E = \{(i,j)\}$ であり，

$$f_i(x) = \begin{cases} x & (x \in \{0,1,2\}) \\ -\infty & (その他) \end{cases} \quad (x \in \mathbf{Z})$$

$$f_j(x) = \begin{cases} x & (x \in \{0,1,2,3\}) \\ -\infty & (その他) \end{cases} \quad (x \in \mathbf{Z})$$

とし，$\underline{\pi}(i,j) = 0$ かつ $\overline{\pi}(i,j) = 1/4$ の場合を考える．このとき，実行可能解 $(x,s) = (2,0)$ は厳安定ではない．なぜならば，すべての $\epsilon \in (0, 1/4]$ に対して，$f_i(2) < (f_i + \epsilon)(2)$ かつ $f_j(2) < (f_j - \epsilon)(3)$ である．しかし，この実行可能解は安定解である．一方，実行可能解 $(x,s) = (2, 1/4)$ は厳安定であり，ゆえに安定解でもある． ∎

例 5.4 のように厳安定と安定という概念にはギャップがあり，厳安定という概念は人工的にも思える．しかし，いくつかの特殊な場合には安定解は厳安定解となる．例えば，① 給与が固定の場合，または ② それぞれの労働者と雇用者の組に対して割当労働時間が 0 または 1 の場合は安定解と厳安定解の区別はなくなる．これらの場合は，Gale–Shapley[33]の安定結婚モデルや Shapley–Shubik[77]の割当モデルや第 5.1 節の手付け制限付き割当モデルなど多くのモデルを包含している．安定解が厳安定となるための十分条件として知られている場合をまとめておこう．

補題 5.1 それぞれの主体 $k \in P \cup Q$ に対して，評価関数 f_k が $M^\natural$ 凹関数であり，前提条件 (A) を満たし，さらに次の条件の 1 つを満たすとき，任意の安定解は厳安定となる．

① $\underline{\pi} = \overline{\pi}$
② すべての $k \in P \cup Q$ に対して $\mathrm{dom}\, f_k \subseteq \{0,1\}^{E(k)}$
③ あるベクトル $u \in \mathbf{Z}^E$ が存在して，それぞれの $k \in P \cup Q$ に対して，$\mathrm{dom}\, f_k = \{y \in \mathbf{Z}^{E(k)} \mid \mathbf{0} \leq y \leq u_{(k)}\}$ かつ f_k は $\mathrm{dom}\, f_k$ 上で線形である

補題 5.1 の証明は第 5.5.1 項で与える．

実行可能労働割当 x に対して，(厳) 安定となる解 (x,s) が存在するとき，x を (厳) 安定労働割当という．次の定理のようにある種の前提のもとでは，安定労働割当は必ず厳安定労働割当となる．

定理 5.2 それぞれの主体 $k \in P \cup Q$ の評価関数 f_k が $M^\natural$ 凹関数であり，前提条件 (A) を満たすとする．このとき，任意の安定労働割当 x に対して，(x,s) が厳安定解となるような実行可能給与ベクトル s が存在する．

定理 5.2 の証明は第 5.5.3 項で与える．定理 5.2 は，適当な仮定のもとでは，労働割当に関しては厳安定性と安定性にはギャップがないことを意味している．また定理 5.2 は，この定理の仮定のもとでは安定解が存在するための必要十分条件は厳安定解が存在することであるとも主張している．

次の定理は $M^\natural$ 凹評価関数に対して安定解と厳安定解の存在を保証する．

定理 5.3 それぞれの主体 $k \in P \cup Q$ について評価関数 f_k が $\mathrm{M}^{\natural}$ 凹関数であり，前提条件 (A) を満たすとする．このとき，厳安定解 (x, s) が存在する．さらに，それぞれの評価関数 f_k が実効定義域で整数値をとり，$\underline{\pi} \in (\mathbf{Z} \cup \{-\infty\})^E$ かつ $\overline{\pi} \in (\mathbf{Z} \cup \{+\infty\})^E$ であるとき，s を整数ベクトルとできる．

定理 5.2 と定理 5.3 より次の定理が直ちに得られる．定理 5.3 は第 5.4 節で証明する．

定理 5.4 それぞれの主体 $k \in P \cup Q$ について評価関数 f_k が $\mathrm{M}^{\natural}$ 凹関数であり，前提条件 (A) を満たすとする．このとき，安定解 (x, s) が存在する．さらに，それぞれの評価関数 f_k が実効定義域で整数値をとり，$\underline{\pi} \in (\mathbf{Z} \cup \{-\infty\})^E$ かつ $\overline{\pi} \in (\mathbf{Z} \cup \{+\infty\})^E$ であるとき，s を整数ベクトルとできる．

5.3 厳安定労働割当の特徴付け

定理 5.3 を証明するために，厳安定労働割当の新たな特徴付けを与えよう．定理 5.2 より，これは安定労働割当の特徴付けでもある．

定理 5.5 それぞれの主体 $k \in P \cup Q$ に対して，評価関数 f_k が $\mathrm{M}^{\natural}$ 凹関数であり，前提条件 (A) を満たすとする．このとき，実行可能労働割当 x が厳安定であるための必要十分条件は以下の 5 条件を満たす $p \in \mathbf{R}^E$, $z_P = (z_{(i)} : i \in P) \in (\mathbf{Z} \cup \{+\infty\})^E$ と $z_Q = (z_{(j)} : j \in Q) \in (\mathbf{Z} \cup \{+\infty\})^E$ が存在することである．

$$x_{(i)} \in \arg\max\{(f_i + p_{(i)})(y) \mid y \leq z_{(i)}\} \quad (i \in P) \quad (5.10)$$

$$x_{(j)} \in \arg\max\{(f_j - p_{(j)})(y) \mid y \leq z_{(j)}\} \quad (j \in Q) \quad (5.11)$$

$$\underline{\pi} \leq p \leq \overline{\pi} \quad (5.12)$$

$$e \in E, z_P(e) < +\infty \Rightarrow p(e) = \underline{\pi}(e), z_Q(e) = +\infty \quad (5.13)$$

$$e \in E, z_Q(e) < +\infty \Rightarrow p(e) = \overline{\pi}(e), z_P(e) = +\infty \quad (5.14)$$

さらに，上の条件を満たす任意の x, p, z_P, z_Q に対して，(x, p) は厳安定解となる．

定理 5.5 の証明は第 5.5.2 項で与えるが,定理 5.5 の十分性を示すためには前提条件の M♮凹性は必要でなく,必要性を示すためにのみ M♮凹性が使われることを注記しておく.

定理 5.5 の条件を考察しよう.まずは $z_P(i,j) = +\infty$ かつ $z_Q(i,j) < +\infty$ であるときを考える.条件 (5.10) から,労働者 i は現在の給与に関して労働割当 $x(i,j)$ を増やす動機をもたないことが導かれる.もし雇用者 j が現在の給与に関して $x(i,j)$ を増加させることで利得を厳密に増加できるとすると,このとき j は労働者 i への給与を増加させることで i が $x(i,j)$ を増加する動機をもつように仕向けるだろう.しかし,条件 (5.14) は,j は i への給与をこれ以上増加できない状況 $p(i,j) = \overline{\pi}(i,j)$ に置かれていることを意味している.すなわち,雇用者 j は $x(i,j)$ の増加をあきらめざるをえない(このため $z_Q(i,j)$ は有限値をとるようにできる).同様の議論により,$z_P(i,j) < +\infty$ かつ $z_Q(i,j) = +\infty$ のときは,条件 (5.11) と (5.13) は,雇用者 j は $x(i,j)$ を増加する動機をもたず,労働者 i は j からの給与を減らすことができない状況 $p(i,j) = \underline{\pi}(i,j)$ にあるため $x(i,j)$ の増加をあきらめざるをえないことを意味する.

条件 (5.10)~(5.14) の最大の利点は,(厳) 安定労働割当の分権的な特徴付けを与えている点である.すなわち,適当な p, z_P, z_Q を与えれば,(厳) 安定労働割当はそれぞれの主体が自身の利得を個々に最大化することで得られる点である.

5.4 厳安定解の存在証明

本節では,定理 5.3 の主張である厳安定解の存在を,定理 5.5 の条件を満たす x, p, z_P, z_Q を構成することで示す.その際,2 つの M♮凹関数 $f_P, f_Q : \mathbf{Z}^E \to \mathbf{R} \cup \{-\infty\}$ をそれぞれ f_i $(i \in P)$ と f_j $(j \in Q)$ の直和として以下のように

$$f_P(x) = \sum_{i \in P} f_i(x_{(i)}), \qquad f_Q(x) = \sum_{j \in Q} f_j(x_{(j)}) \qquad (x \in \mathbf{Z}^E) \qquad (5.15)$$

と定義し,これらを用いる.異なる $i, i' \in P$ に対して $E_{(i)}$ と $E_{(i')}$ は交わりをもたず,異なる $j, j' \in Q$ に対して $E_{(j)}$ と $E_{(j')}$ も交わりをもたないので,次の補題が成り立つ.

5.4 厳安定解の存在証明

補題 5.6 条件 (5.10) が成立するための必要十分条件は

$$x \in \arg\max\{(f_P + p)(y) \mid y \leq z_P\}$$

であり，また (5.11) が成立するための必要十分条件は

$$x \in \arg\max\{(f_Q - p)(y) \mid y \leq z_Q\}$$

である．

さらに前提条件 (A) は f_P と f_Q を用いて以下のように書き換えられる．

(A′) $\mathrm{dom}\, f_P$ と $\mathrm{dom}\, f_Q$ は有界，遺伝的で $\mathbf{0} \in \mathbf{Z}^E$ を最小点としてもつ

補題 5.6 と定理 5.5 より定理 5.3 は次の定理から直ちに導かれる．本節の目標は以下の定理の証明である．

定理 5.7 前提条件 (A′) を満たす 2 つの M$^\natural$凹関数 $f_P, f_Q : \mathbf{Z}^E \to \mathbf{R} \cup \{-\infty\}$ と，条件 $\underline{\pi} \leq \overline{\pi}$ を満たす 2 つのベクトル $\underline{\pi} \in (\mathbf{R} \cup \{-\infty\})^E$ と $\overline{\pi} \in (\mathbf{R} \cup \{+\infty\})^E$ に対して，以下の 5 つの条件を満たす $x \in \mathbf{Z}^E$, $p \in \mathbf{R}^E$ と $z_P, z_Q \in (\mathbf{Z} \cup \{+\infty\})^E$ が存在する．

$$x \in \arg\max\{(f_P + p)(y) \mid y \leq z_P\} \quad (5.16)$$

$$x \in \arg\max\{(f_Q - p)(y) \mid y \leq z_Q\} \quad (5.17)$$

$$\underline{\pi} \leq p \leq \overline{\pi} \quad (5.18)$$

$$e \in E,\ z_P(e) < +\infty \ \Rightarrow\ p(e) = \underline{\pi}(e),\ z_Q(e) = +\infty \quad (5.19)$$

$$e \in E,\ z_Q(e) < +\infty \ \Rightarrow\ p(e) = \overline{\pi}(e),\ z_P(e) = +\infty \quad (5.20)$$

さらに f_P と f_Q がそれぞれの実効定義域内では整数値をとり，$\underline{\pi} \in (\mathbf{Z} \cup \{-\infty\})^E$ かつ $\overline{\pi} \in (\mathbf{Z} \cup \{+\infty\})^E$ であるとき，上記のベクトル p は $\mathbf{Z}^E$ から選ぶことができる．

以降では，条件 (5.16)〜(5.20) を満たす $x \in \mathbf{Z}^E$, $p \in \mathbf{R}^E$ および $z_P, z_Q \in (\mathbf{Z} \cup \{+\infty\})^E$ を求めるアルゴリズムを与え，その正当性を示すことで定理 5.7 の証明を与える．

与えられた M♮凹関数 $f_P, f_Q : \mathbf{Z}^E \to \mathbf{R} \cup \{-\infty\}$ が前提条件 (A') を満たすとする.上記の議論より厳安定解を求める問題は,以下の条件を満たす $x_P, x_Q \in \mathbf{Z}^E, p \in \mathbf{R}^E, z_P, z_Q \in (\mathbf{Z} \cup \{+\infty\})^E$ を求めることである.

$$x_P = x_Q \tag{5.21}$$

$$x_P \in \arg\max\{(f_P + p)(y) \mid y \leq z_P\} \tag{5.22}$$

$$x_Q \in \arg\max\{(f_Q - p)(y) \mid y \leq z_Q\} \tag{5.23}$$

$$\underline{\pi} \leq p \leq \overline{\pi} \tag{5.24}$$

$$e \in E,\ z_P(e) < +\infty \Rightarrow p(e) = \underline{\pi}(e),\ z_Q(e) = +\infty \tag{5.25}$$

$$e \in E,\ z_Q(e) < +\infty \Rightarrow p(e) = \overline{\pi}(e),\ z_P(e) = +\infty \tag{5.26}$$

条件 (5.21)〜(5.26) を満たす x_P, x_Q, p, z_P, z_Q を求めるアルゴリズムの構築が目標となる.

大雑把にいうと,このアルゴリズムの方針は,条件 (5.22)〜(5.26) といくつかの追加的な条件 (例えば $x_Q \leq x_P$) を満たす x_P, x_Q, z_P, z_Q が存在するように,できる限り p の初期値を大きくとり,これらの条件を満たしつつ p を単調に小さくし,条件 (5.21) の成立を目指す.オークションアルゴリズムの一種とみなすこともできるだろう.特徴的な性質は,p を減少させるためにネットワークフローアルゴリズムの技法を用いた巧妙な手続きを用いる点である (以下のケース 2 を参照).一方,安定結婚モデルに限った場合は,このアルゴリズムは安定結婚モデルの安定解を求めることもできる.これは,このアルゴリズムが拡張 Gale–Shapley アルゴリズムとしての側面も有していることを意味する.拡張 Gale–Shapley アルゴリズムの側面が顕著に現れるのは,補題 2.23 と補題 2.24 を用いた z_P と z_Q の更新の部分である (以下のケース 1 を参照).

アルゴリズムの記述に話を移そう.初期状態において,p を以下のように定める.ここで b は後に定める十分大きな正の整数とする.

$$p(e) := \begin{cases} \overline{\pi}(e) & (\overline{\pi}(e) < +\infty) \\ b & (\text{その他}) \end{cases} \quad (e \in E)$$

さらに $z_P := (+\infty, \cdots, +\infty)$ とし,$x_P \in \arg\max(f_P + p)$ である x_P を 1 つ選ぶ.この時点で,条件 (5.22), (5.24) と (5.25) が成立している.ベクトル z_Q

を

$$z_Q(e) := \begin{cases} x_P(e) & (\overline{\pi}(e) < +\infty) \\ +\infty & (その他) \end{cases} \quad (e \in E)$$

と定め，x_Q を (5.23) を満たすように定める．条件 (5.26) は，z_Q と p の定義より成立している．ここで，b を $\overline{\pi}(e) = +\infty$ であるすべての $e \in E$ に対して，$\underline{\pi}(e) \leq b$ かつ $x_Q(e) = 0$ となるような十分大きな正整数とする．前提条件 (A′) より $\mathrm{dom}\, f_Q$ は有界であるから，このような b は必ず存在する．上記のように b を定めると z_Q の定義より，

$$x_Q(e) \leq x_P(e) \quad (e \in E) \tag{5.27}$$

が成立している．補題 2.24 より，$p(e) = \overline{\pi}(e)$ かつ $x_Q(e) < x_P(e)$ を満たす任意の $e \in E$ に対して，$z_Q(e) = +\infty$ としても (5.23) は保存される．すなわち，初期状態においては以下の条件が満たされている．

$$e \in E,\ z_Q(e) < +\infty \quad \Rightarrow \quad x_Q(e) = x_P(e) = z_Q(e) \tag{5.28}$$

紹介するアルゴリズムでは，条件 (5.22)〜(5.28) を保存しながら x_P, x_Q, p, z_P, z_Q を更新し，最終的に (5.21) が成立することを目指す．

上記のように (5.22)〜(5.28) は満たすが，(5.21) は満たしていない x_P, x_Q, p, z_P, z_Q が与えられていると仮定する．ここで L と U を次のように定義される E の部分集合とする．

$$L := \{e \in E \mid p(e) = \underline{\pi}(e)\} \tag{5.29}$$

$$U := \{e \in E \mid z_Q(e) < +\infty\} \tag{5.30}$$

条件 (5.26) と (5.28) から，すべての $e \in U$ に対して $p(e) = \overline{\pi}(e)$ かつ $x_Q(e) = x_P(e) = z_Q(e)$ が成立する．L と U は $\underline{\pi}(e) = \overline{\pi}(e)$ である共通元 e をもつ可能性があることを注記しておく．

以降では，2 つの場合に分けて議論をする．

ケース 1：$x_Q(e) < x_P(e)$ を満たす $e \in L$ が存在する場合
ケース 2：それ以外の場合

ケース1では，p を一定に保ったまま x_P, x_Q, z_P, z_Q を更新する．e を $x_Q(e) < x_P(e)$ を満たす L の元としよう．条件 (5.28) から，$z_Q(e) = +\infty$ を得るが，これより (5.22) と (5.25) を保存したまま $z_P(e) = x_P(e)$ と仮定することができる．このとき，$z_P(e)$ を $x_P(e) - 1$ に置き換える．補題 2.23 の ① より，$x_P := x_P - \chi_e + \chi_{e'}$ が更新された z_P に対して (5.22) を満たすような $e' \in \{0\} \cup E \setminus \{e\}$ が存在する．もし $e' = 0$ または $z_Q(e') = +\infty$ ならば，x_Q と z_Q を変更せずに，条件 (5.22)〜(5.28) を保つことができる．$z_Q(e') < +\infty$ である場合 (すなわち $e' \in U$ である場合) には，x_Q と z_Q を以下のように更新する．条件 (5.28) より，更新後の x_P については，$x_P(e') = x_Q(e') + 1$ となっている．このとき補題 2.23 の ② は，ある $e'' \in \{0\} \cup E$ ($e'' = e'$ も許す) が存在し，$x_Q := x_Q + \chi_{e'} - \chi_{e''}$ と $z_Q := z_Q + \chi_{e'}$ が (5.23) を満たすことを保証する．この時点で，更新された x_P, x_Q, z_P, z_Q は，条件 (5.22)〜(5.27) を満たしている．もし $e' \neq e''$ ならば，$z_Q(e') = x_Q(e') = x_P(e')$ であり，e' について (5.28) が成立している．e'' に対しても (5.28) を保証するために，もし $e'' \in U$ ならば $z_Q(e'') := +\infty$ と更新する．$e'' \in U$ ならば x_Q の更新後に $x_Q(e'') < x_P(e'') = z_Q(e'')$ が成立しているので，補題 2.24 より，この更新は (5.23) を壊さない．すなわち，ケース1における更新手続きでは (5.22)〜(5.28) のすべてが保存されている．

次にケース2について考える．この場合にはすべての $e \in L$ に対して $x_Q(e) = x_P(e)$ である．ケース2では，z_P は固定したまま，p, x_P, x_Q, z_Q を更新する．以下の手続きは，第 2.7 節の補題 2.11 の証明法，すなわち2つの M♮ 凹関数の和の最大解を求めるアルゴリズムが基本となっている．

記述を簡単にするために，以下のように定義された関数を以降では扱う．

$$f_P^{\leq}(y) := \begin{cases} f_P(y) & (y \leq z_P) \\ -\infty & (\text{その他}) \end{cases} \quad (y \in \mathbf{Z}^E)$$
$$f_Q^{\leq}(y) := \begin{cases} f_Q(y) & (y \leq z_Q) \\ -\infty & (\text{その他}) \end{cases} \quad (y \in \mathbf{Z}^E) \tag{5.31}$$

定理 2.2 より，$f_P^{\leq}$ と $f_Q^{\leq}$ は M♮ 凹関数であり，それぞれ $x_P \in \arg\max(f_P^{\leq} + p)$ と $x_Q \in \arg\max(f_Q^{\leq} - p)$ が成立する．

ここで，$\{0\} \cup E$ を頂点集合とし，以下で定義する弧集合 A からなる有向グラフ $G = (\{0\} \cup E, A)$ と弧長関数 $\ell : A \to \mathbf{R}$ を作成する．弧集合 A は2つの互いに素な A_P と A_Q:

$$A_P := \{(e, e') \mid e, e' \in \{0\} \cup E,\ e \neq e',\ x_P - \chi_e + \chi_{e'} \in \mathrm{dom} f_P^{\leq}\}$$
$$A_Q := \{(e, e') \mid e, e' \in \{0\} \cup E,\ e \neq e',\ x_Q + \chi_e - \chi_{e'} \in \mathrm{dom} f_Q^{\leq}\} \tag{5.32}$$

の和集合とし，$\ell \in \mathbf{R}^A$ は

$$\ell(a) := \begin{cases} (f_P^{\leq} + p)(x_P) - (f_P^{\leq} + p)(x_P - \chi_e + \chi_{e'}) & (a = (e, e') \in A_P) \\ (f_Q^{\leq} - p)(x_Q) - (f_Q^{\leq} - p)(x_Q + \chi_e - \chi_{e'}) & (a = (e, e') \in A_Q) \end{cases} \tag{5.33}$$

と定義する．条件 (5.22) と (5.23) および定理 2.3 より，弧長関数 ℓ の値は常に非負である．

$S := \mathrm{supp}^+(x_P - x_Q) = \{e \in E \mid x_P(e) > x_Q(e)\}$ かつ $T := \{0\} \cup L \cup U$ と定める．x_P と x_Q は (5.21) を満たさないので，$S \neq \emptyset$ である．このように定義した S と T は互いに素，すなわち $S \cap T = \emptyset$ である．なぜならば，$0 \notin S$ であり，(5.28) とケース 2 の前提条件よりすべての $e \in T \setminus \{0\}$ に対して $x_P(e) = x_Q(e)$ である．ここで，有向グラフ G において，S からすべての頂点への弧長 ℓ に関する最短路長を $d : \{0\} \cup E \to \mathbf{R} \cup \{+\infty\}$ と表記する．最短路長の性質から，$d(e) < +\infty$ である任意の弧 $a = (e, e') \in A$ に対して，

$$\ell(a) + d(e) - d(e') \geq 0 \tag{5.34}$$

が成立する．また，前提条件 (A′) より，すべての $e \in S$ に対して $(e, 0) \in A_P$ であるから，S から T へは道が存在する．ここで，$\mathbf{P}$ を S から T への最短路のうちで弧数が最小のものとし，$\ell(\mathbf{P}) = \sum_{a \in \mathbf{P}} \ell(a)$ と定義する．さらに上記の条件を満たす $\mathbf{P}$ の終点の候補が複数あり，その中に頂点 0 が含まれるならば頂点 0 を終点とするものを優先的に選ぶ．値 δ を

$$\delta := \min \{\ell(\mathbf{P}), \min\{p(e) - \underline{\pi}(e) + d(e) \mid e \in E\}\} \tag{5.35}$$

と定義し，ベクトル $\Delta p \in \mathbf{R}^E$ を

$$\Delta p(e) := \min\{d(e) - \delta, 0\} \qquad (e \in E) \tag{5.36}$$

と定める．便宜上，$\Delta p(0)$ も同様に $\Delta p(0) = \min\{d(0)-\delta, 0\} = 0$ とする．定義より明らかなように $\Delta p \leq \mathbf{0}$ である．大小関係 $\delta \leq \ell(\mathbf{P})$ より，以下の等式が導かれる．

$$\Delta p(e) = 0 \qquad (e \in T) \tag{5.37}$$

ここで任意の $a = (e, e') \in A$ に対して $\ell(a) + \Delta p(e) - \Delta p(e')$ の非負性を示す．(5.36) より，$\Delta p(e) = 0$ と $\Delta p(e) = d(e) - \delta$ の場合に分けて考える．もし $\Delta p(e) = 0$ ならば，$\Delta p(e') \leq 0$ と弧長関数 ℓ の非負性より

$$\ell(a) + \Delta p(e) - \Delta p(e') \geq \ell(a) \geq 0$$

となる．もし $\Delta p(e) = d(e) - \delta$ ならば，$\Delta p(e') \leq d(e') - \delta$ と (5.34) より

$$\ell(a) + \Delta p(e) - \Delta p(e') \geq \ell(a) + d(e) - d(e') \geq 0$$

となる．まとめると

$$\ell(a) + \Delta p(e) - \Delta p(e') \geq 0 \qquad (a = (e, e') \in A)$$

を得るが，この不等式系は次の条件と同値である．

$$\begin{aligned}(f_P^{\leq} + p)(x_P) - (f_P^{\leq} + p)(x_P - \chi_e + \chi_{e'}) + \Delta p(e) - \Delta p(e') \geq 0 \\ (f_Q^{\leq} - p)(x_Q) - (f_Q^{\leq} - p)(x_Q + \chi_e - \chi_{e'}) + \Delta p(e) - \Delta p(e') \geq 0\end{aligned} \quad (e, e' \in \{0\} \cup E)$$

さらに定理 2.3 より，上記不等式系は次の条件と同値である．

$$x_P \in \arg\max(f_P^{\leq} + (p + \Delta p)), \qquad x_Q \in \arg\max(f_Q^{\leq} - (p + \Delta p))$$

まず，$p + \Delta p$ が (5.24) を満たすことを示そう．$\Delta p \leq \mathbf{0}$ から，任意の $e \in E$ に対して $\underline{\pi}(e) \leq p(e) + \Delta p(e)$ を示せば十分である．定義 (5.35) と (5.36) より，任意の $e \in E$ に対して，

$$\begin{aligned}p(e) + \Delta p(e) &= \min\{p(e) + d(e) - \delta, p(e)\} \\ &\geq \min\{p(e) + d(e) - (p(e) + d(e) - \underline{\pi}(e)), p(e)\} \\ &= \underline{\pi}(e)\end{aligned}$$

を得る. (5.37) も考慮すると, $x_P, x_Q, p + \Delta p, z_P, z_Q$ は条件 (5.22)〜(5.28) を満たしている.

上記の計算より, もし $\delta < \ell(\mathbf{P})$ であるならば, $p(e) > p(e) + \Delta p(e) = \overline{p}(e)$ となる $e \in E$ が存在する. T および $\mathbf{P}$ の定義より, $e \notin T$, したがって $e \notin L$ である. 新たにこの e が L に加わり, L が大きくなる. 次では, $\delta = \ell(\mathbf{P})$ である場合を考える.

$\delta = \ell(\mathbf{P})$ と仮定して議論をする. それぞれの弧 $a = (e, e') \in A$ に対して $\ell'(a) = \ell(a) + \Delta p(e) - \Delta p(e')$ と定めると, これは関数 $(f_P^{\leq} + (p + \Delta p))$ と $(f_Q^{\leq} - (p + \Delta p))$ および x_P と x_Q に関して有向グラフ G 上で定義される a の弧長となっている. $\delta = \ell(\mathbf{P})$ であるから, $a \in \mathbf{P}$ であるすべての弧 a に対して $\ell'(a) = 0$ が成立する. すなわち, 以下の関係が成り立つ.

$$\begin{aligned} x_P - \chi_e + \chi_{e'} &\in \arg\max(f_P^{\leq} + (p + \Delta p)) && ((e, e') \in \mathbf{P} \cap A_P) \\ x_Q + \chi_e - \chi_{e'} &\in \arg\max(f_Q^{\leq} - (p + \Delta p)) && ((e, e') \in \mathbf{P} \cap A_Q) \end{aligned} \quad (5.38)$$

また $\mathbf{P}$ は最短路の中でも弧数が最小であるから, $\mathbf{P}$ に含まれる 2 頂点 e と e'' に対して, $(e, e'') \notin \mathbf{P}$ かつ e が $\mathbf{P}$ で e'' より前に位置するとき, 次の関係が成立しなければならない.

$$\begin{aligned} x_P - \chi_e + \chi_{e''} &\notin \arg\max(f_P^{\leq} + (p + \Delta p)) \\ x_Q + \chi_e - \chi_{e''} &\notin \arg\max(f_Q^{\leq} - (p + \Delta p)) \end{aligned} \quad (5.39)$$

さらに $\mathbf{P}$ では A_P の弧が連続して現れたり, A_Q の弧が連続して現れることはない. 仮に, $\mathbf{P}$ で連続する 2 つの弧 $(e, e'), (e', e'') \in \mathbf{P}$ が A_P に含まれていたとする. (M♮) を繰り返し利用することで, 次の不等式を得る.

$$\begin{aligned} &(f_P^{\leq} + p)(x_P - \chi_{e'} + \chi_{e''}) + (f_P^{\leq} + p)(x_P - \chi_e + \chi_{e'}) \\ &\leq \max \left\{ \begin{array}{l} (f_P^{\leq} + p)(x_P - \chi_e + \chi_{e''}) + (f_P^{\leq} + p)(x_P) \\ (f_P^{\leq} + p)(x_P - \chi_e - \chi_{e'} + \chi_{e''}) + (f_P^{\leq} + p)(x_P + \chi_{e'}) \end{array} \right\} \\ &\leq \max \left\{ \begin{array}{l} (f_P^{\leq} + p)(x_P - \chi_e + \chi_{e''}) + (f_P^{\leq} + p)(x_P) \\ (f_P^{\leq} + p)(x_P - \chi_e) + (f_P^{\leq} + p)(x_P + \chi_{e''}) \end{array} \right\} \\ &\leq (f_P^{\leq} + p)(x_P - \chi_e + \chi_{e''}) + (f_P^{\leq} + p)(x_P) \end{aligned}$$

上記の不等式は

$$\ell(e,e') + \ell(e',e'') \geq \ell(e,e'')$$

を意味し，$\mathbf{P}$ が弧数最小の最短路であることに矛盾する．$\mathbf{P}$ では A_Q の弧も連続して現れないことが同様に証明でき，結果として

$$a_1=(e_1,e_1'),\ a_2=(e_2,e_2') \in \mathbf{P} \cap A_P,\ a_1 \neq a_2 \Rightarrow \{e_1,e_1'\} \cap \{e_2,e_2'\} = \varnothing$$
$$a_1=(e_1,e_1'),\ a_2=(e_2,e_2') \in \mathbf{P} \cap A_Q,\ a_1 \neq a_2 \Rightarrow \{e_1,e_1'\} \cap \{e_2,e_2'\} = \varnothing \quad (5.40)$$

を得る．$a^* = (\hat{e}, e')$ を $\mathbf{P}$ の最後の弧とする．$\mathbf{P}$ は弧数最小の最短路であり，$\mathbf{P}$ の終点としては頂点 0 が優先的に選ばれるので，次の条件を満たす．

$$a=(e_1,e_1') \in \mathbf{P} \cap A_P,\ a \neq a^* \Rightarrow x_P - \chi_{e_1} \notin \arg\max\bigl(f_P^\leq + (p+\Delta p)\bigr)$$
$$a^* = (\hat{e}, e') \in A_P,\ e' \neq 0 \Rightarrow x_P - \chi_{\hat{e}} \notin \arg\max\bigl(f_P^\leq + (p+\Delta p)\bigr)$$
$$a=(e_1,e_1') \in \mathbf{P} \cap A_Q,\ a \neq a^* \Rightarrow x_Q + \chi_{e_1} \notin \arg\max\bigl(f_Q^\leq - (p+\Delta p)\bigr)$$
$$a^* = (\hat{e}, e') \in A_Q,\ e' \neq 0 \Rightarrow x_Q + \chi_{\hat{e}} \notin \arg\max\bigl(f_Q^\leq - (p+\Delta p)\bigr) \quad (5.41)$$

補題 2.6 と性質 (5.38), (5.39), (5.40) および (5.41) より，以下の結果を得る．

$$x_P' := x_P - \sum_{(e,e') \in \mathbf{P} \cap A_P} (\chi_e - \chi_{e'}) \in \arg\max\bigl(f_P^\leq + (p+\Delta p)\bigr) \quad (5.42)$$
$$x_Q' := x_Q + \sum_{(e,e') \in \mathbf{P} \cap A_Q} (\chi_e - \chi_{e'}) \in \arg\max\bigl(f_Q^\leq - (p+\Delta p)\bigr) \quad (5.43)$$

x_P, x_Q, p をそれぞれ x_P', x_Q', $p + \Delta p$ に置き換える．更新 (5.42) と (5.43) は，更新後に条件 (5.22), (5.23) および (5.27) が成立することを保証する．すでに示したように条件 (5.24) は成立する．z_P と z_Q に変更はないので，(5.37) は (5.25) と (5.26) を導く．e' を $\mathbf{P}$ の最終頂点とし，a^* を $\mathbf{P}$ の最後の弧とする．もし $e' \notin U$ ならば，(5.28) は自明に成立するので，次に $e' \in U$ の場合を議論しよう．

もし $a^* \in A_Q$ ならば，$x_Q(e') < z_Q(e') = x_P(e')$ かつ (5.23) が成立している．このとき，補題 2.24 より，$z_Q(e') := +\infty$ と $z_Q(e')$ を更新しても (5.23) および (5.28) を保存できる．

以降では $a^* \in A_P$ を仮定しよう．すなわち，$x_P(e') = x_Q(e')+1 = z_Q(e')+1$ がこの時点で成立している．$z_Q(e') := z_Q(e')+1$ と更新する．補題 2.23 の ②

より，更新後の z_Q に対して $x_Q := x_Q + \chi_{e'} - \chi_{e''}$ が (5.23) を満たすような $e'' \in \{0\} \cup E$ が存在する．もし $e'' \in U$ ならば，$z_Q(e'') := +\infty$ と更新する．ケース 1 での議論と同様にこの更新は他の条件が成立することを保存しながら (5.28) を導く．

以上の議論を総括して，アルゴリズム PAIRWISE_STABLE として記述しよう．後ほどこのアルゴリズムが有限回の反復で終了し，また厳安定解を求めることを示す．

◇ アルゴリズム PAIRWISE_STABLE─────────────────────

Step 0 (5.22)〜(5.28) を満たす x_P, x_Q, p, z_P, z_Q を求める；

Step 1 もし $x_P = x_Q$ ならば終了；

Step 2 L と U を (5.29) と (5.30) により定め，もし $x_Q(e) < x_P(e)$ である $e \in L$ が存在するならば Step 3a へ，以外は Step 4a へとぶ；

Step 3a $z_P(e) := x_P(e) - 1$ かつ $x_P := x_P - \chi_e + \chi_{e'}$ と更新する（ただし $e' \in \{0\} \cup E$ は更新後の x_P, z_P に対し (5.22) が成立するもの）；

  3b もし $e' \notin U$ ならば Step 1 へ，それ以外は Step 5 へとぶ；

Step 4a (5.32) と (5.33) により，$(f_P^\le + p), (f_Q^\le - p), x_P, x_Q$ に対して有向グラフ G と弧長関数 ℓ を作成し，$S := \mathrm{supp}^+(x_P - x_Q)$，$T := \{0\} \cup L \cup U$ とし，S からすべての $e \in \{0\} \cup E$ への G 中での ℓ に関する最短距離 $d(e)$ を計算する．また S から T への最短路で弧数最小となり頂点 0 を優先的に終点とするように **P** を求める；

  4b (5.35) により δ を定め，各 $e \in E$ に対して $p(e) := p(e) + \min\{d(e) - \delta, 0\}$ と定める．もし $\delta < \ell(\mathbf{P})$ ならば Step 1 へ戻る；

  4c (5.42) と (5.43) により x_P と x_Q を更新する．もし **P** の最終頂点 e' が U に含まれないならば Step 1 へ戻る；

  4d もし **P** の最終弧が A_Q に含まれるならば $z_Q(e') := +\infty$ とし Step 1 へ戻り，それ以外は Step 5 へ；

Step 5 $z_Q := z_Q + \chi_{e'}$ かつ $x_Q := x_Q + \chi_{e'} - \chi_{e''}$ と更新する (ただし $e'' \in \{0\} \cup E$ は更新後の x_Q, z_Q に対し (5.23) が成立するもの). もし $e'' \in U$ ならば $z_Q(e'') := +\infty$ と更新する. Step 1 へ戻る.

アルゴリズム記述前の議論で以下の補題はすでに示した.

補題 5.8 条件 (5.22)〜(5.28) が PAIRWISE_STABLE の各反復の Step 1 において成立する.

以下の2つの補題は PAIRWISE_STABLE が有限回の反復で終了することを保証する.

補題 5.9 PAIRWISE_STABLE の各反復において以下が成立する.
① L から元が除かれることはない
② z_P は増加することはない
③ z_Q は減少することはない
④ $\sum_{e \in E}(x_P(e) - x_Q(e))$ が増加することはない

[証明] $L = \{e \in E \mid p(e) = \pi(e)\}$ であり, p は PAIRWISE_STABLE の実行中増加することはないので ① が成り立つ. 主張 ② と ③ はアルゴリズムの記述より明らかである. ④ について考える. (5.27) より, $\sum_{e \in E}(x_P(e) - x_Q(e))$ は非負であり, ベクトル x_P あるいは x_Q は Step 3a, Step 4c あるいは Step 5 において更新される. Step 3a または Step 4c では, もし $e' = 0$ ならば $\sum_{e \in E}(x_P(e) - x_Q(e))$ は 1 だけ減少し, それ以外は同じ値にとどまる. Step 5 では, もし $e'' = 0$ ならば, $\sum_{e \in E}(x_P(e) - x_Q(e))$ は 1 だけ減少し, それ以外は同じ値にとどまる. すなわち, ④ を得る. □

次の補題 5.10 では PAIRWISE_STABLE において, Step XX を実行後 Step XX から Step 1 に戻る場合を [StepXX→Step1] と表記する.

補題 5.10 PAIRWISE_STABLE は次のような性質をもつ.
① [Step3b→Step1] のとき, z_P のある成分は厳密に減少する
② [Step4b→Step1] のとき, L にある元が加わる

③ [Step4c→Step1] のとき, $\sum_{e \in E}(x_P(e) - x_Q(e))$ が厳密に減少する, あるいは次の反復の Step3a で z_P のある成分が厳密に減少する

④ [Step4d→Step1] のとき, z_Q のある成分が厳密に増加する

⑤ [Step5→Step1] のとき, z_Q のある成分が厳密に増加する

[証明]

① Step 3a の始まりにおいて, $z_P(e) \geq x_P(e)$ であるから Step 3a において $z_P(e)$ が厳密に減少する.

② すでに示したように $\delta < \ell(\mathbf{P})$ のときは L にある元が追加される.

③ [Step4c→Step1] のとき, $e' = 0$ または $e' \in L \setminus U$ である. 前者の場合は $\sum_{e \in E}(x_P(e) - x_Q(e))$ が 1 だけ減少する. 後者の場合は, Step 4 の始めにおいてすべての $e \in L \cup U$ に対して $x_Q(e) = x_P(e)$ であるから, Step 4c 終了時には $e'(\in L)$ に対して $x_P(e') > x_Q(e')$ である. これより次の反復の Step 3a において $z_P(e')$ が厳密に減少する.

④ [Step4d→Step1] のとき, Step 4d の始めにおいて $e' \in U$ である. このとき, $z_Q(e')$ が厳密に増加する.

⑤ もし $e' \neq e''$ ならば, $z_Q(e')$ が 1 だけ増加し, それ以外のときは $z_Q(e') = +\infty$ と更新される.

□

以上より, PAIRWISE_STABLE の収束に関する以下の補題を得る.

補題 5.11 もし M♮凹関数 f_P と f_Q が前提条件 (A′) を満たすならば, アルゴリズム PAIRWISE_STABLE は有限回の反復後に終了する.

[証明] f_P と f_Q が (A′) を満たすので以下が成立する.
- $\sum_{e \in E}(x_P(e) - x_Q(e))$ は非負で上に有界である
- もし $z_P(e) < +\infty$ ならば $z_P(e)$ は非負で上に有界である
- もし $z_Q(e) < +\infty$ ならば $z_Q(e)$ は (5.28) より上に有界である

よって, 補題 5.9 と補題 5.10 より PAIRWISE_STABLE は有限回の反復で終了する.
□

最後に p の整数性 (すべての成分が整数であること) について考える.

補題 5.12 もし f_P と f_Q が実効定義域上で整数値をとり, $\underline{\pi} \in (\mathbf{Z} \cup \{-\infty\})^E$ かつ $\overline{\pi} \in (\mathbf{Z} \cup \{+\infty\})^E$ であるならば, PAIRWISE_STABLE において p の整数性が保たれる.

[証明] $\overline{\pi} \in (\mathbf{Z} \cup \{+\infty\})^E$ であるから, PAIRWISE_STABLE の初期状態において p は整数値をとる. f_P も f_Q も実効定義域では整数値をとるため, (5.33) で定義される弧長関数 ℓ も整数値をとる. さらに $\underline{\pi} \in (\mathbf{Z} \cup \{-\infty\})^E$ であるから, (5.35) で定義される δ もまた整数値をとる. Step 4b において, それぞれの $e \in E$ に対して $p(e) := p(e) + \min\{d(e) - \delta, 0\}$ と更新されるので p の整数性は保存される. したがって, p の整数性は最後まで保たれる. □

補題 5.8 と補題 5.11 より, 前提条件 (A′) のもとにおいてはアルゴリズム PAIRWISE_STABLE は常に (5.21)〜(5.26) を満たす x_P, x_Q, p, z_P, z_Q を求める. また補題 5.12 より, f_P と f_Q が実効定義域で整数値をとり, $\underline{\pi} \in (\mathbf{Z} \cup \{-\infty\})^E$ かつ $\overline{\pi} \in (\mathbf{Z} \cup \{+\infty\})^E$ ならば, p は整数性を保存する. 以上より, 定理 5.7 の証明が完了した.

5.5 諸性質の証明

本節では, 補題 5.1, 定理 5.5 および定理 5.2 の証明をこの順番で与える.

5.5.1 補題 5.1 の証明

実行可能解 (x, s) が準不安定ならば, 不安定であることを示せばよい. (x, s) が動機制約 (5.1) と (5.2) を満たさないならば不安定であるから, 以降では動機制約は満たすとする. このとき, (x, s) が準不安定であることより, ある主体 $i \in P$ と $j \in Q$, j から i への実行可能給与 $\alpha \in [\underline{\pi}(i, j), \overline{\pi}(i, j)]$ と i に関する労働割当 $y' \in \mathbf{Z}^{E(i)}$ と j に関する労働割当 $y'' \in \mathbf{Z}^{E(j)}$ が存在し, (5.3)〜(5.6) が成立している.

場合 ①, すなわち $\underline{\pi} = \overline{\pi}$ のときを最初に示そう. このとき $s(i, j) = \alpha$ である. (x, s) が動機制約を満たすと仮定したので, $y'(i, j) > x(i, j)$ かつ $y''(i, j) > x(i, j)$ でなければならない. 加えて y' と y'' は, (5.3)〜(5.6) を満たす中で $y'(i, j)$ と $y''(i, j)$ がそれぞれできる限り小さくなるように選ばれたと

仮定する. y', $x_{(i)}$ と $e = (i, j) \in \text{supp}^+(y' - x_{(i)})$ に対する (M$^\natural$) より, ある $e' \in \text{supp}^-(y' - x_{(i)}) \cup \{0\}$ が存在して,

$$\begin{aligned}
&(f_i + (s_{(i)}^{-j}, \alpha))(y') + (f_i + s_{(i)})(x_{(i)}) \\
&= (f_i + (s_{(i)}^{-j}, \alpha))(y') + (f_i + (s_{(i)}^{-j}, \alpha))(x_{(i)}) \\
&\leq (f_i + (s_{(i)}^{-j}, \alpha))(y' - \chi_e + \chi_{e'}) + (f_i + (s_{(i)}^{-j}, \alpha))(x_{(i)} + \chi_e - \chi_{e'})
\end{aligned}$$

が成立する. y' の選び方より,

$$(f_i + (s_{(i)}^{-j}, \alpha))(y') > (f_i + (s_{(i)}^{-j}, \alpha))(y' - \chi_e + \chi_{e'})$$

であるから, 上の 2 つの不等式より

$$(f_i + s_{(i)})(x_{(i)}) < (f_i + (s_{(i)}^{-j}, \alpha))(x_{(i)} + \chi_e - \chi_{e'})$$

を得る. $x_{(i)} + \chi_e - \chi_{e'}$ が y' の候補であるから, y' の選び方より $y'(i,j) = x(i,j) + 1$ を得る. 同様の議論により, $y''(i,j) = x(i,j) + 1$ を示すことができ, y' と y'' は (5.7) も満たす. すなわち, (x, s) は不安定である.

次に場合 ② と場合 ③ について考える. もし $s(i,j) = \alpha$ ならば, 場合 ① と同様の議論で (x, s) が不安定であることが示せる. まず $s(i,j) < \alpha$ と仮定し, $s(i,j) > \alpha$ の場合は最後に扱う. もし $x(i,j) = 0$ ならば, 場合 ① と同様の議論で $y'(i,j) = y''(i,j) = 1$ が示せる. よって $x(i,j) > 0$ を仮定して議論をする. このとき, 以下の関係

$$\begin{aligned}
(f_i + s_{(i)})(x_{(i)}) &< (f_i + (s_{(i)}^{-j}, \alpha))(x_{(i)}) \\
(f_j - s_{(j)})(y) &\geq (f_j - (s_{(j)}^{-i}, \alpha))(y) \qquad (y \leq x_{(j)})
\end{aligned}$$

が成立する. 上の第 2 不等式より, $y''(i,j) > x(i,j)$ でなければならず, $y''(i,j) \geq 2$ がいえる. ② の場合「任意の $k \in P \cup Q$ に対して $\text{dom} f_k \subseteq \{0,1\}^{E_{(k)}}$」では起こりえない状況なので, 場合 ③ のみを考慮すれば十分である. このとき y' を $x_{(i)} + (y''(i,j) - x(i,j))\chi_{(i,j)}$ に置き換えても $\text{dom} f_i$ に含まれたままであり, $(f_i + (s_{(i)}^{-j}, \alpha))(y') > (f_i + s_{(i)})(y')$ が成立する. $x(i,j) > 0$ かつ f_i は $\text{dom} f_i$ 上で線形であり, (x, s) が動機制約を満たすこ

とより, $(f_i + s_{(i)})(y') \geq (f_i + s_{(i)})(x_{(i)})$ が成立する. すなわち更新された y' は, (5.3), (5.4) および (5.7) を満たすので, (x, s) は不安定である.

最後に $s(i, j) > \alpha$ の場合を扱う. この場合は, $s(i, j) < \alpha$ の場合に対する i と j の役割を交換することで以下のように示せる. もし $x(i, j) = 0$ ならば, 場合 ① と同様の議論で $y'(i, j) = y''(i, j) = 1$ が示せる. よって $x(i, j) > 0$ を仮定する. このとき, 以下の関係

$$(f_i + s_{(i)})(y) \geq (f_i + (s_{(i)}^{-j}, \alpha))(y) \quad (y \leq x_{(i)})$$
$$(f_j - s_{(j)})(x_{(j)}) < (f_j - (s_{(j)}^{-i}, \alpha))(x_{(j)})$$

が成立する. 上の第1不等式より, $y'(i, j) > x(i, j)$ でなければならず, $y'(i, j) \geq 2$ がいえる. ② の場合「任意の $k \in P \cup Q$ に対して $\mathrm{dom} f_k \subseteq \{0, 1\}^{E(k)}$」では起こりえない状況なので, 場合 ③ のみを考慮すれば十分である. このとき y'' を $x_{(j)} + (y'(i, j) - x(i, j))\chi_{(i, j)}$ に置き換えても $\mathrm{dom} f_j$ に含まれたままであり, $(f_j - (s_{(j)}^{-i}, \alpha))(y'') > (f_j - s_{(j)})(y'')$ が成立する. $x(i, j) > 0$ かつ f_j は $\mathrm{dom} f_j$ 上で線形であり, (x, s) が動機制約を満たすことより, $(f_j - s_{(j)})(y'') \geq (f_j - s_{(j)})(x_{(j)})$ が成立する. すなわち更新された y'' は, (5.5), (5.6) および (5.7) を満たすので, (x, s) は不安定である.

5.5.2 定理 5.5 の証明

必要性の証明: (x, s) を厳安定解としたとき, (5.10)~(5.14) を満たす p, z_P, z_Q が存在することを示す. $x(i, j) = 0$ であるそれぞれの $(i, j) \in E$ に対して, 制約 $\alpha \leq \overline{\pi}(i, j)$ を無視し, (5.8) を満たす値 α の集合の上限を $r(i, j)$ と定める (もし $y(i, j) > 0$ ですべての $j' \in Q \setminus \{j\}$ に対し $y(i, j') \leq x(i, j')$ となる $y \in \mathrm{dom} f_i$ が存在したならば $r(i, j) \neq +\infty$ である). もし $r(i, j) = +\infty$ ならば, 制約 $\underline{\pi}(i, j) \leq \alpha$ を無視し, (5.9) を満たす値 α の集合の下限として $r(i, j)$ を再定義する (もし $y(i, j) > 0$ ですべての $i' \in P \setminus \{i\}$ に対し $y(i', j) \leq x(i', j)$ となる $y \in \mathrm{dom} f_j$ が存在したならば $r(i, j) \neq -\infty$ である). もし $r(i, j) = -\infty$ ならば, 十分大きな正数 b により $r(i, j) = -b$ と再々定義する. これらを用いて $p \in \mathbf{R}^E$ を次のように定義する. 任意の $(i, j) \in E$ に対して,

5.5 諸性質の証明

$$p(i,j) = \begin{cases} s(i,j) & (x(i,j) > 0) \\ r(i,j) & (x(i,j) = 0 \text{ かつ } \underline{\pi}(i,j) \leq r(i,j) \leq \overline{\pi}(i,j)) \\ \underline{\pi}(i,j) & (x(i,j) = 0 \text{ かつ } r(i,j) < \underline{\pi}(i,j)) \\ \overline{\pi}(i,j) & (x(i,j) = 0 \text{ かつ } \overline{\pi}(i,j) < r(i,j)) \end{cases} \tag{5.44}$$

s は実行可能なので, p は条件 (5.12) を満たす.

さらに z_P と z_Q を以下のように定義する. 任意の $(i,j) \in E$ に対して,

$$z_P(i,j) = \begin{cases} x(i,j) & (\alpha = p(i,j) \text{ に対し } (5.8) \text{ が不成立}) \\ +\infty & (\text{その他}) \end{cases} \tag{5.45}$$

$$z_Q(i,j) = \begin{cases} x(i,j) & (\alpha = p(i,j) \text{ に対し } (5.9) \text{ が不成立}) \\ +\infty & (\text{その他}) \end{cases} \tag{5.46}$$

(x,s) が厳安定であることより, $z_P(i,j) = +\infty$ または $z_Q(i,j) = +\infty$ が成り立つ.

最初に $z_P(i,j) < +\infty$ である場合を考える. このとき, ある $y' \in \mathbf{Z}^{E(i)}$ が存在し, $(f_i + p_{(i)})(x_{(i)}) < (f_i + p_{(i)})(y')$ かつすべての $j' \in Q \setminus \{j\}$ に対して $y'(i,j') \leq x(i,j')$ となる. なぜならば, p の定義より, $x(i',j') > 0$ ならば $p(i',j') = s(i',j')$ であるから, $(f_i + p_{(i)})(x_{(i)}) = (f_i + s_{(i)})(x_{(i)})$ と $(f_i + p_{(i)})(y') = \bigl(f_i + (s_{(i)}^{-j}, p(i,j))\bigr)(y')$ が成立し, $\alpha = p(i,j)$ に対し (5.8) が成立しないからである. 次に (5.13) を示そう. $p(i,j) > \underline{\pi}(i,j)$ と仮定して矛盾を導く. もし $x(i,j) > 0$ ならば, 十分小さい $\epsilon > 0$ に対して, 次の関係を得る.

$$(f_i + p_{(i)})(x_{(i)}) < \bigl(f_i + (p_{(i)} - \epsilon \chi_{(i,j)})\bigr)(y')$$
$$(f_j - p_{(j)})(x_{(j)}) < \bigl(f_j - (p_{(j)} - \epsilon \chi_{(i,j)})\bigr)(x_{(j)})$$

上記の関係は, $\alpha = p(i,j) - \epsilon \geq \underline{\pi}(i,j)$ に対して, (5.8) も (5.9) も成立しないことを意味し, (x,s) が厳安定であることに矛盾する. すなわち, $x(i,j) = 0$ でなければならない. $p(i,j) > \underline{\pi}(i,j)$ であるから, (5.44) より, $p(i,j) \leq r(i,j)$ である. (5.8) の右辺は α に関して非減少であり, $p(i,j) \leq r(i,j)$ であるから, $r(i,j)$ の定義は $\alpha = p(i,j)$ に対して (5.8) が成立することを保証する. しかし,

これは $z_P(i,j) < +\infty$ であることに矛盾している. 以上より, $p(i,j) = \overline{\pi}(i,j)$ でなければならず, (5.13) が成立する.

次に $z_Q(i,j) < +\infty$ の場合に (5.14) が成立することを示す. このとき, ある $y'' \in \mathbf{Z}^{E(j)}$ が存在し, $(f_j - p_{(j)})(x_{(j)}) < (f_j - p_{(j)})(y'')$ かつすべての $i' \in P \setminus \{i\}$ に対して $y''(i',j) \leq x(i',j)$ となる. なぜならば, p の定義より, $x(i',j') > 0$ ならば $p(i',j') = s(i',j')$ であるから, $(f_j - p_{(j)})(x_{(j)}) = (f_j - s_{(j)})(x_{(j)})$ と $(f_j - p_{(j)})(y'') = (f_j - (s_{(j)}^{-i}, p(i,j)))(y'')$ が成立し, $\alpha = p(i,j)$ に対し (5.9) が成立しないからである. 仮に $p(i,j) < \overline{\pi}(i,j)$ と仮定する. もし $x(i,j) > 0$ であるならば, 十分小さい $\epsilon > 0$ に対して, 次の関係を得る.

$$(f_i + p_{(i)})(x_{(i)}) < (f_i + (p_{(i)} + \epsilon \chi_{(i,j)}))(x_{(i)})$$
$$(f_j - p_{(j)})(x_{(j)}) < (f_j - (p_{(j)} + \epsilon \chi_{(i,j)}))(y'')$$

上記の関係は, $\alpha = p(i,j) + \epsilon \leq \overline{\pi}(i,j)$ に対して, (5.8) も (5.9) も成立しないことを意味し, (x,s) が厳安定であることに矛盾する. よって $x(i,j) = 0$ の場合を扱えばよい. $p(i,j) < \overline{\pi}(i,j)$ であるから, (5.44) より, $p(i,j) \geq r(i,j)$ でなければならない. $r(i,j)$ が (5.8) を満たす α の上限として定義されているとき, 十分小さな $\epsilon > 0$ について, $\alpha = p(i,j) + \epsilon \leq \overline{\pi}(i,j)$ とすると (5.8) は不成立である. 一方, $z_Q(i,j) < +\infty$ の場合は, $\alpha = p(i,j)$ に対して (5.9) は不成立であるが, α を ϵ だけ増やしてもこの状況を保つことができる. 結局, (5.8) も (5.9) も成立せず, (x,s) が厳安定であることに矛盾する. 次に $r(i,j)$ が (5.9) で再定義されたか $r(i,j) = -b$ と再々定義された場合を考える. このとき, $p(i,j) \geq r(i,j)$ であるから, $\alpha = p(i,j)$ に対して (5.9) が成立する. しかし, これは $z_Q(i,j) < +\infty$ であることに矛盾する. 以上より, $p(i,j) = \overline{\pi}(i,j)$ でなければならず, (5.14) が成立する.

次に (5.10) を示そう. (5.10) が成立しないと仮定する. すなわち, ある $i \in P$ に対して, $(f_i + p_{(i)})(x_{(i)}) < (f_i + p_{(i)})(y')$ となる $y' \in \arg\max\{(f_i + p_{(i)})(y) \mid y \leq z_{(i)}\}$ が存在するとする. ここでは, $(f_i + p_{(i)})(x_{(i)}) < (f_i + p_{(i)})(y')$ を満たす $y' \in \arg\max\{(f_i + p_{(i)})(y) \mid y \leq z_{(i)}\}$ の中で, $\sum\{y'(e) - x_{(i)}(e) \mid e \in \mathrm{supp}^+(y' - x_{(i)})\}$ を最小とするものを選ぶ. $\mathbf{0} \leq y \leq x_{(i)}$ を満たす任意

5.5 諸性質の証明

の $y \in \mathbf{Z}^{E_{(i)}}$ に対して，$(f_i + s_{(i)})(y) = (f_i + p_{(i)})(y)$ であるから，(5.1) より $y'(e) > x_{(i)}(e)$ である $e \in E_{(i)}$ の存在が導かれる．y', $x_{(i)}$, e に関する (M♮) より，ある $e' \in \mathrm{supp}^-(y' - x_{(i)}) \cup \{0\}$ が存在し，以下の不等式が成立する．

$$(f_i + p_{(i)})(y') + (f_i + p_{(i)})(x_{(i)})$$
$$\leq (f_i + p_{(i)})(y' - \chi_e + \chi_{e'}) + (f_i + p_{(i)})(x_{(i)} + \chi_e - \chi_{e'})$$

y' の定義より，

$$(f_i + p_{(i)})(y') > (f_i + p_{(i)})(y' - \chi_e + \chi_{e'})$$

でなければならない．上の 2 つの不等式より，$e = (i,j)$ とすると

$$(f_i + s_{(i)})(x_{(i)})$$
$$= (f_i + p_{(i)})(x_{(i)}) < (f_i + p_{(i)})(x_{(i)} + \chi_e - \chi_{e'})$$
$$= (f_i + (s_{(i)}^{-j}, p(i,j)))(x_{(i)} + \chi_e - \chi_{e'})$$

が成立し，(5.45) より $z_P(e) = x_{(i)}(e)$ となる．しかしこれは $y' \leq z_{(i)}$ に矛盾する．すなわち，(5.10) が成立しなければならない．

最後に (5.11) が成立することを背理法を用いて示す．(5.11) が成立しないと仮定する．すなわち，ある $j \in Q$ に対して，$(f_j - p_{(j)})(x_{(j)}) < (f_j - p_{(j)})(y')$ となる $y' \in \arg\max\{(f_j - p_{(j)})(y) \mid y \leq z_{(j)}\}$ が存在するとする．ここでは，$(f_j - p_{(j)})(x_{(j)}) < (f_j - p_{(j)})(y')$ を満たす $y' \in \arg\max\{(f_j - p_{(j)})(y) \mid y \leq z_{(j)}\}$ の中で，$\sum\{y'(e) - x_{(j)}(e) \mid e \in \mathrm{supp}^+(y' - x_{(j)})\}$ を最小とするものを選ぶ．$0 \leq y \leq x_{(j)}$ を満たす任意の $y \in \mathbf{Z}^{E_{(j)}}$ に対して，$(f_j - s_{(j)})(y) = (f_j - p_{(j)})(y)$ であるから，(5.2) より $y'(e) > x_{(j)}(e)$ である $e \in E_{(j)}$ の存在が導かれる．y', $x_{(j)}$, e に関する (M♮) より，ある $e' \in \mathrm{supp}^-(y' - x_{(j)}) \cup \{0\}$ が存在し，以下の不等式が成立する．

$$(f_j - p_{(j)})(y') + (f_j - p_{(j)})(x_{(j)})$$
$$\leq (f_j - p_{(j)})(y' - \chi_e + \chi_{e'}) + (f_j - p_{(j)})(x_{(j)} + \chi_e - \chi_{e'})$$

y' の定義より，

$$(f_j - p_{(j)})(y') > (f_j - p_{(j)})(y' - \chi_e + \chi_{e'})$$

でなければならない．上の2つの不等式より，$e = (i,j)$ とすると

$$(f_j - s_{(j)})(x_{(j)})$$
$$= (f_j - p_{(j)})(x_{(j)}) < (f_j - p_{(j)})(x_{(j)} + \chi_e - \chi_{e'})$$
$$= (f_j - (s_{(j)}^{-i}, p(i,j)))(x_{(j)} + \chi_e - \chi_{e'})$$

が成立し，(5.46) より $z_Q(e) = x_{(j)}(e)$ となる．しかしこれは $y' \leq z_{(j)}$ に矛盾する．すなわち，(5.11) が成立しなければならない．

以上より，x に対して定めた p, z_P, z_Q は (5.10)〜(5.14) を満たす．

十分性の証明：$p \in \mathbf{R}^E$ と $z_P, z_Q \in (\mathbf{Z} \cup \{+\infty\})^E$ が (5.10)〜(5.14) を満たすとする．$s = p$ とおき，(x, s) が厳安定であることを示す．すべての $k \in P \cup Q$ に対し $x_{(k)} \leq z_{(k)}$ であるから，条件 (5.1) と (5.2) は，(5.10) と (5.11) からそれぞれ導かれる．仮に $i \in P, j \in Q, \alpha \in [\underline{\pi}(i,j), \overline{\pi}(i,j)], y' \in \mathbf{Z}^{E(i)}, y'' \in \mathbf{Z}^{E(j)}$ が存在し，

$$(f_i + s_{(i)})(x_{(i)}) < (f_i + (s_{(i)}^{-j}, \alpha))(y')$$
$$y'(i, j') \leq x(i, j') \quad (j' \in Q \setminus \{j\}) \tag{5.47}$$

かつ

$$(f_j - s_{(j)})(x_{(j)}) < (f_j - (s_{(j)}^{-i}, \alpha))(y'')$$
$$y''(i', j) \leq x(i', j) \quad (i' \in P \setminus \{i\}) \tag{5.48}$$

であるとする．条件 (5.10) と $y' \geq \mathbf{0}$ という事実から，条件 (5.47) は，

ケース1：$y'(i, j) > z_{(i)}(i, j)$ あるいは

ケース2：$y'(i, j) \leq z_{(i)}(i, j)$ かつ $p(i, j) < \alpha$

に場合分けできる．同様に (5.11) と (5.48) から，

ケース3：$y''(i, j) > z_{(j)}(i, j)$ あるいは

ケース4：$y''(i, j) \leq z_{(j)}(i, j)$ かつ $\alpha < p(i, j)$

に場合分けできる．明らかにケース2とケース4は矛盾する主張である．条件 (5.13) と (5.14) からケース1とケース3は両立しない．またケース1と (5.13) は $p(i, j) = \underline{\pi}(i, j)$ を導き，$\alpha < p(i, j)$ を含むケース4とは矛盾する．

同様に (5.14) より, ケース 2 はケース 3 とはつじつまが合わない. 以上の議論は, (5.47) と (5.48) が同時には成立しないことを意味し, 矛盾である. よって (x, s) は厳安定でなければならない.

5.5.3 定理 5.2 の証明

x を安定な労働割当とし, s を (x, s) が安定となるような実行可能給与ベクトルとする. 定理 5.5 と補題 5.6 より, x について (5.16)〜(5.20) を満たす $p \in \mathbf{R}^E$ と $z_P, z_Q \in (\mathbf{Z} \cup \{+\infty\})^E$ が存在することを示せば十分である.

初期状態として $p := s$ かつ $z_P := z_Q := (+\infty, \ldots, +\infty)$ とし, これらを (5.16)〜(5.20) を満たすように更新していく. そのために, 第 5.4 節と同様に以下のように定めるネットワークを利用する. 有向グラフ $G = (\{0\} \cup E, A)$ と弧長関数 $\ell : A \to \mathbf{R}$ から構成されるネットワークを以下のように構成する. G の弧集合 A は次で定義する A_P と A_Q の和集合とし,

$$\begin{aligned} A_P &= \{(e, e') \mid e, e' \in \{0\} \cup E,\ e \neq e',\ x - \chi_e + \chi_{e'} \in \mathrm{dom} f_P\} \\ A_Q &= \{(e, e') \mid e, e' \in \{0\} \cup E,\ e \neq e',\ x + \chi_e - \chi_{e'} \in \mathrm{dom} f_Q\} \end{aligned} \quad (5.49)$$

弧長関数 ℓ は (5.15) で定義される f_P, f_Q を用いて次のように定義する.

$$\ell(a) = \begin{cases} (f_P + s)(x) - (f_P + s)(x - \chi_e + \chi_{e'}) & (a = (e, e') \in A_P) \\ (f_Q - s)(x) - (f_Q - s)(x + \chi_e - \chi_{e'}) & (a = (e, e') \in A_Q) \end{cases} \quad (5.50)$$

(x, s) の安定性から次の主張が成り立つ.

主張 5.5A:連続する 2 つの弧 $a = (e, e') \in A_P$ と $a' = (e', e'') \in A_Q$ を考える. このとき, $\ell(a) \geq 0$ あるいは $\ell(a') \geq 0$ である. さらに $\ell(a) + \ell(a') < 0$ のとき, $\ell(a) < 0$ ならば $\ell(a') - (s(e') - \underline{\pi}(e')) \geq 0$ となり, また $\ell(a') < 0$ ならば $\ell(a) - (\overline{\pi}(e') - s(e')) \geq 0$ となる.

[証明] 第 1 の主張を背理法で証明する. $\ell(a) < 0$ かつ $\ell(a') < 0$ と仮定する. (x, s) は動機制約を満たしているので, 有向グラフ G で頂点 0 に入る A_P の弧の長さと頂点 0 から出る A_Q の弧の長さはともに非負である. すなわち, $e' \neq 0$ でなければならない. $e' = (i, j) \in E,\ y' = x - \chi_e + \chi_{e'}$ かつ $y'' = x + \chi_{e'} - \chi_{e''}$ とする.

もし $e = 0$ またはある $j' \in Q$ に対して $e = (i, j')$ であるならば, $\ell(a) < 0$ (すなわち $(f_P + s)(x) - (f_P + s)(x - \chi_e + \chi_{e'}) < 0$) は

$$(f_i + s_{(i)})(x_{(i)}) < (f_i + s_{(i)})(y'_{(i)}) \tag{5.51}$$

を意味する. 次にその他の場合, すなわち $e \neq 0$ かつある $i'(\neq i) \in P$ と $j' \in Q$ について $e = (i', j')$ である場合を考える. (x, s) は動機制約を満たし, $y'_{(i')} \leq x_{(i')}$ より

$$(f_{i'} + s_{(i')})(x_{(i')}) \geq (f_{i'} + s_{(i')})(y'_{(i')}) \tag{5.52}$$

を得る. この不等式と $\ell(a) < 0$ より, (5.51) が導かれる.

もし $e'' = 0$ あるいはある $i' \in P$ に対して $e'' = (i', j)$ である場合は, $\ell(a') < 0$ (すなわち $(f_Q - s)(x) - (f_Q - s)(x + \chi_{e'} - \chi_{e''}) < 0$) から

$$(f_j - s_{(j)})(x_{(j)}) < (f_j - s_{(j)})(y''_{(j)}) \tag{5.53}$$

を得る. $e'' \neq 0$ かつある $i' \in P$ と $j'(\neq j) \in Q$ について $e'' = (i', j')$ である場合には, (x, s) が動機制約を満たし $y''_{(j')} \leq x_{(j')}$ であることより,

$$(f_{j'} - s_{(j')})(x_{(j')}) \geq (f_{j'} - s_{(j')})(y''_{(j')}) \tag{5.54}$$

を得るが, この不等式と $\ell(a') < 0$ より, やはり (5.53) が成り立つ.

しかし $y'(e') = y''(e')$ であるから不等式 (5.51) と (5.53) は (x, s) の安定性に矛盾する. よって, $\ell(a) \geq 0$ または $\ell(a') \geq 0$ である.

次に, もし $\ell(a) + \ell(a') < 0$ かつ $\ell(a) < 0$ ならば $\ell(a') - (s(e') - \underline{\pi}(e')) \geq 0$ であることを示す. 仮に $\ell(a') - (s(e') - \underline{\pi}(e')) < 0$ であるとする. このとき, ある $\alpha \in \mathbf{R}$ が存在し, 3つの不等式 $\ell(a) + \alpha < 0$, $\ell(a') - \alpha < 0$ と $0 \leq \alpha \leq s(e') - \underline{\pi}(e')$ を満たす (α は $\ell(a')$ より少しだけ大きくすればよい). 本証明の最初の議論と同様に $\ell(a) < 0$ のとき, $e' \neq 0$ でなければならない. $e' = (i, j)$, $y' = x - \chi_e + \chi_{e'}$, $y'' = x + \chi_{e'} - \chi_{e''}$, $\beta = \alpha/(x(e') + 1)$ とおいたとき, 2つの不等式 $\ell(a) + \alpha < 0$ と $\ell(a') - \alpha < 0$ から

$$\begin{aligned}(f_i + s_{(i)})(x_{(i)}) &< \left(f_i + (s_{(i)}^{-j}, s(i,j) - \beta)\right)(y'_{(i)}) \\ (f_j - s_{(j)})(x_{(j)}) &< \left(f_j - (s_{(j)}^{-i}, s(i,j) - \beta)\right)(y''_{(j)})\end{aligned} \tag{5.55}$$

が導かれる (この段落の後半で示す). しかし $\underline{\pi}(i,j) \leq s(i,j)-\alpha \leq s(i,j)-\beta \leq \overline{\pi}(i,j)$ かつ $y'(i,j) = y''(i,j)$ であり, (5.55) は (x,s) の安定性に矛盾する. したがって $\ell(a') - (s(e') - \underline{\pi}(e')) \geq 0$ でなればならない. (5.55) を最後に示すが, 不等式 (5.51) と (5.53) を示した議論と同様なので不要と思うならば次の段落までスキップしてほしい. もし $e = 0$ またはある $j' \in Q$ に対して $e = (i, j')$ であるならば, $\ell(a) + \alpha < 0$ より

$$0 > \ell(a) + \alpha$$
$$= (f_P + s)(x) - (f_P + s)(x - \chi_e + \chi_{e'}) + \alpha$$
$$= (f_i + s_{(i)})(x_{(i)}) - (f_i + s_{(i)})(y'_{(i)}) + \beta \times y'(i,j)$$
$$= (f_i + s_{(i)})(x_{(i)}) - \left(f_i + (s_{(i)}^{-j}, s(i,j) - \beta)\right)(y'_{(i)})$$

となり (5.55) の第 1 式を得る. $e \neq 0$ かつある $i'(\neq i) \in P$ と $j' \in Q$ について $e = (i', j')$ である場合は, (x,s) が動機制約を満たし, $y'_{(i')} \leq x_{(i')}$ より, (5.52) が成り立つ. (5.52) と $\ell(a) + \alpha < 0$ より (5.55) の第 1 式を得る (上の式変形において第 2 等号が不等号 $\geq$ となる). 次に (5.55) の第 2 式を示す. もし $e'' = 0$ またはある $i' \in P$ に対して $e'' = (i', j)$ である場合は, $\ell(a') - \alpha < 0$ から

$$0 > \ell(a') - \alpha$$
$$= (f_Q - s)(x) - (f_Q - s)(x + \chi_{e'} - \chi_{e''}) - \alpha$$
$$= (f_j - s_{(j)})(x_{(j)}) - (f_j - s_{(j)})(y''_{(j)}) - \beta \times y''(i,j)$$
$$= (f_j - s_{(j)})(x_{(j)}) - \left(f_j - (s_{(j)}^{-i}, s(i,j) - \beta)\right)(y''_{(j)})$$

より (5.55) の第 2 式を得る. $e'' \neq 0$ かつある $i' \in P$ と $j'(\neq j) \in Q$ について $e'' = (i', j')$ である場合には, (x,s) が動機制約を満たし $y''_{(j')} \leq x_{(j')}$ であることより, (5.54) が成り立つ. (5.54) と $\ell(a') - \alpha < 0$ より, (5.55) の第 2 式を得る (上の式変形において第 2 等号が不等号 $\geq$ となる).

最後に, もし $\ell(a) + \ell(a') < 0$ かつ $\ell(a') < 0$ ならば $\ell(a) - (\overline{\pi}(e') - s(e')) \geq 0$ であることを示す. この証明は前段落と同様なので不要と思うならばスキップしてほしい. 仮に $\ell(a) - (\overline{\pi}(e') - s(e')) < 0$ であるとする. このとき, ある $\alpha \in \mathbf{R}$ が存在し, 3 つの不等式 $\ell(a) - \alpha < 0$, $\ell(a') + \alpha < 0$ と $0 \leq \alpha \leq \overline{\pi}(e') - s(e')$

を満たす．本証明の最初の議論と同様に $\ell(a') < 0$ のとき，$e' \neq 0$ でなければならない．$e' = (i,j)$, $y' = x - \chi_e + \chi_{e'}$, $y'' = x + \chi_{e'} - \chi_{e''}$, $\beta = \alpha/(x(e')+1)$ とおいたとき，2つの不等式 $\ell(a) - \alpha < 0$ と $\ell(a') + \alpha < 0$ から

$$\begin{aligned}(f_i + s_{(i)})(x_{(i)}) &< \left(f_i + (s_{(i)}^{-j}, s(i,j) + \beta)\right)(y'_{(i)}) \\ (f_j - s_{(j)})(x_{(j)}) &< \left(f_j - (s_{(j)}^{-i}, s(i,j) + \beta)\right)(y''_{(j)})\end{aligned} \quad (5.56)$$

が導かれる (段落の後半で示す)．しかし $\underline{\pi}(i,j) \leq s(i,j) + \beta \leq s(i,j) + \alpha \leq \overline{\pi}(i,j)$ かつ $y'(i,j) = y''(i,j)$ であり，(5.56) は (x,s) の安定性に矛盾する．よって $\ell(a) - (\overline{\pi}(e') - s(e')) \geq 0$ でなればならない．(5.56) を最後に示す．もし $e = 0$ またはある $j' \in Q$ に対して $e = (i, j')$ であるならば，$\ell(a) - \alpha < 0$ より

$$\begin{aligned}0 &> \ell(a) - \alpha \\ &= (f_P + s)(x) - (f_P + s)(x - \chi_e + \chi_{e'}) - \alpha \\ &= (f_i + s_{(i)})(x_{(i)}) - (f_i + s_{(i)})(y'_{(i)}) - \beta \times y'(i,j) \\ &= (f_i + s_{(i)})(x_{(i)}) - \left(f_i + (s_{(i)}^{-j}, s(i,j) + \beta)\right)(y'_{(i)})\end{aligned}$$

となり (5.56) の第1式を得る．$e \neq 0$ かつある $i'(\neq i) \in P$ と $j' \in Q$ について $e = (i', j')$ である場合は，(x,s) が動機制約を満たし，$y'_{(i')} \leq x_{(i')}$ より，(5.52) が成り立つ．(5.52) と $\ell(a) - \alpha < 0$ より (5.56) の第1式を得る．次に (5.56) の第2式を示す．もし $e'' = 0$ あるいはある $i' \in P$ に対して $e'' = (i', j)$ である場合は，$\ell(a') + \alpha < 0$ から

$$\begin{aligned}0 &> \ell(a') + \alpha \\ &= (f_Q - s)(x) - (f_Q - s)(x + \chi_{e'} - \chi_{e''}) + \alpha \\ &= (f_j - s_{(j)})(x_{(j)}) - (f_j - s_{(j)})(y''_{(j)}) + \beta \times y''(i,j) \\ &= (f_j - s_{(j)})(x_{(j)}) - \left(f_j - (s_{(j)}^{-i}, s(i,j) + \beta)\right)(y''_{(j)})\end{aligned}$$

より (5.56) の第2式を得る．$e'' \neq 0$ かつある $i' \in P$ と $j'(\neq j) \in Q$ について $e'' = (i', j')$ である場合には，(x,s) が動機制約を満たし $y''_{(j')} \leq x_{(j')}$ であることより，(5.54) が成り立つ．(5.54) と $\ell(a') + \alpha < 0$ より，(5.56) の第2式を

得る.   □

 定理 5.2 の証明に話を戻そう. 初期状態として $p := s$ かつ $z_P := z_Q := (+\infty, \ldots, +\infty)$ とし, これらを (5.16)〜(5.20) を満たすように更新していく. G において連続する弧 $a = (e, e') \in A_P$ と $a' = (e', e'') \in A_Q$ で条件 $\ell(a) + \ell(a') < 0$ を満たすものに対して以下の操作をする.

  (a) もし $\ell(a) < 0$ ならば $z_P(e') := x(e')$ かつ $p(e') := \underline{\pi}(e')$ とし
  (b) もし $\ell(a') < 0$ ならば $z_Q(e') := x(e')$ かつ $p(e') := \overline{\pi}(e')$ とする

E の 2 つの部分集合 L と U を

$$L := \{e \in E \mid z_P(e) < +\infty\}, \qquad U := \{e \in E \mid z_Q(e) < +\infty\}$$

と定義する. 上記より, $e' \in L$ ならば $p(e') = \underline{\pi}(e')$ で, $e' \in U$ ならば $p(e') = \overline{\pi}(e')$ である. 主張 5.5A より L と U は互いに素 $(L \cap U = \emptyset)$ である. f_P, f_Q, s に関して (5.49) と (5.50) により定義したネットワーク (G, ℓ) を, f_P, f_Q, s の役割を $f_P^{\leq}, f_Q^{\leq}, p$ に置き換えて更新する. ただし, $f_P^{\leq}$ と $f_Q^{\leq}$ は (5.31) により定義される M♮凹関数とする. 以降では, ネットワークも弧長関数も $f_P^{\leq}$ と $f_Q^{\leq}$ により定義されるが, 実効定義域が z_P あるいは z_Q 以下という点を除いてこれらは f_P, f_Q とは代わらないので, 誤解がなければ式変形などにおいて $f_P^{\leq}$ と $f_Q^{\leq}$ の代わりに f_P と f_Q を用いる. 更新後のネットワーク (G, ℓ), および次のように定義される

$$S := \{0\} \cup L \cup U$$

に対して, 以下の3つの主張を示す.

 主張 5.5B:任意の連続する弧 $a = (e, e') \in A_P$ と $a' = (e', e'') \in A_Q$ に対して $\ell(a) + \ell(a') \geq 0$ である.

[証明] 更新前のネットワークにおいて, 連続する弧 $a \in A_P$ と $a' \in A_Q$ で $\ell(a) + \ell(a') < 0$ を満たすものに対しては, $z_P(e') := x(e')$ または $z_Q(e') := x(e')$ と定めた. この更新により, 更新後のネットワークでは, a あるいは a' が除かれる. また, 更新後のネットワークに新たに加わる弧はないので, $\ell(a) + \ell(a') < 0$ を満たすような連続する弧 a と a' は存在しない.   □

主張 5.5C：S の元同士を結ぶ弧の長さは非負である.

[証明] L と U の定義および更新後の A_P と A_Q の定義より, A_P の弧で L に入るものは存在せず, A_Q の弧で U から出るものは存在しない. さらに L と U の定義および主張 5.5A より, A_Q の弧で L 内の頂点から出るものはどれも長さが非負で, A_P の弧で U に入るものはどれも長さが非負である. よって, 次の 4 つのタイプの弧 a を考慮すれば十分である (図 5.1).

① L から 0 に入る弧 $a \in A_P$
② 0 から L に入る弧 $a \in A_Q$
③ U から 0 に入る弧 $a \in A_P$
④ 0 から U に入る弧 $a \in A_Q$

最初にタイプ ② の弧 $a = (0, e')$ を扱う. (x, s) は動機制約を満たしているので,

$$(f_Q - s)(x) - (f_Q - s)(x - \chi_{e'}) = f_Q(x) - f_Q(x - \chi_{e'}) - s(e') \geq 0$$

が成立する. $e' \in L$ より $p(e') = \underline{\pi}(e') \leq s(e')$ であり, 上記の不等式は s を p に置き換えても成立する. すなわち, 更新後のネットワークでは $\ell(a) \geq 0$ である.

次にタイプ ① の弧 $\bar{a} = (e', 0)$ を考える. $e' \in L$ であるから, L の定義と主張 5.5A より更新前のネットワークにある $a = (e, e') \in A_P$ と $a' = (e', e'') \in A_Q$ が存在し, $\ell(a) + \ell(a') < 0$, $\ell(a) < 0$ かつ $\ell(a') \geq s(e') - \underline{\pi}(e')$ となる. 上記の不等式より $-\ell(a) > s(e') - \underline{\pi}(e') \geq 0$ を得るが, これは以下の不等式を意味する.

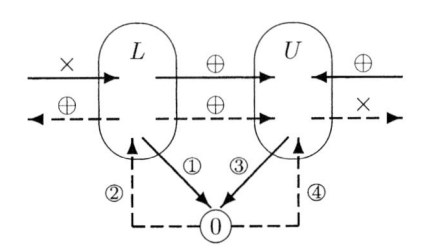

図 5.1 主張 5.5C の様子
実線は A_P の弧, 破線は A_Q の弧を意味し, × 印がある弧は存在せず, ⊕ 印のある弧 a は $\ell(a) \geq 0$ を意味する. 数字は証明中の場合分けに対応する.

5.5 諸性質の証明

$$(f_P + s)(x - \chi_e + \chi_{e'}) - (f_P + s)(x) > s(e') - \underline{\pi}(e') \geq 0 \quad (5.57)$$

一方, $x - \chi_e + \chi_{e'}, x - \chi_{e'}, e'$ に関する $(\mathrm{M}^\natural)$ と (x, s) が動機制約を満たすことより, 次の不等式が成り立つ.

$$\begin{aligned}
&(f_P + s)(x - \chi_e + \chi_{e'}) - (f_P + s)(x) \\
&\leq (f_P + s)(x - \chi_e) - (f_P + s)(x - \chi_{e'}) \\
&\leq (f_P + s)(x) - (f_P + s)(x - \chi_{e'})
\end{aligned} \quad (5.58)$$

(5.57) と (5.58) より, 更新後の $\ell(\bar{a})$ について

$$\begin{aligned}
\ell(\bar{a}) &= (f_P^\leq + p)(x) - (f_P^\leq + p)(x - \chi_{e'}) = f_P(x) - f_P(x - \chi_{e'}) + p(e') \\
&= (f_P + s)(x) - (f_P + s)(x - \chi_{e'}) - s(e') + \underline{\pi}(e') \\
&\geq (f_P + s)(x - \chi_e + \chi_{e'}) - (f_P + s)(x) - (s(e') - \underline{\pi}(e')) \geq 0
\end{aligned}$$

を得る.

同様に, タイプ ③ と ④ の弧長の非負性も示すが, 議論が重複するので不要と思うならば以下の証明をスキップしてほしい.

タイプ ③ の弧 $a = (e, 0)$ を扱う. (x, s) は動機制約を満たしているので,

$$(f_P + s)(x) - (f_P + s)(x - \chi_e) = f_P(x) - f_P(x - \chi_e) + s(e) \geq 0$$

が成立する. $e \in U$ より $p(e) = \overline{\pi}(e) \geq s(e)$ であり, 上記の不等式は s を p に置き換えても成立する. すなわち, 更新後のネットワークでは $\ell(a) \geq 0$ である.

最後にタイプ ④ の弧 $\bar{a} = (0, e')$ を考える. $e' \in U$ であるから, U の定義と主張 5.5A より更新前のネットワークにある $a = (e, e') \in A_P$ と $a' = (e', e'') \in A_Q$ が存在し, $\ell(a) + \ell(a') < 0, \ell(a') < 0$ かつ $\ell(a) \geq \overline{\pi}(e') - s(e')$ となる. 上記の不等式より $-\ell(a') > \overline{\pi}(e') - s(e') \geq 0$ を得るが, これは以下の不等式を意味する.

$$(f_Q - s)(x + \chi_{e'} - \chi_{e''}) - (f_Q - s)(x) > \overline{\pi}(e') - s(e') \geq 0 \quad (5.59)$$

一方, $x + \chi_{e'} - \chi_{e''}, x - \chi_{e'}, e'$ に関する $(\mathrm{M}^\natural)$ と (x, s) が動機制約を満たす

ことより，次の不等式が成り立つ．

$$\begin{aligned}(f_Q - s)(x + \chi_{e'} - \chi_{e''}) &- (f_Q - s)(x) \\ &\leq (f_Q - s)(x - \chi_{e''}) - (f_Q - s)(x - \chi_{e'}) \\ &\leq (f_Q - s)(x) - (f_Q - s)(x - \chi_{e'})\end{aligned} \quad (5.60)$$

(5.59) と (5.60) より，更新後の $\ell(\bar{a})$ について

$$\begin{aligned}\ell(\bar{a}) &= (f_Q^{\leq} - p)(x) - (f_Q^{\leq} - p)(x - \chi_{e'}) = f_Q(x) - f_Q(x - \chi_{e'}) - p(e') \\ &= (f_Q - s)(x) - (f_Q - s)(x - \chi_{e'}) + s(e') - \overline{\pi}(e') \\ &\geq (f_Q - s)(x + \chi_{e'} - \chi_{e''}) - (f_Q - s)(x) - (\overline{\pi}(e') - s(e')) \geq 0\end{aligned}$$

を得る． □

主張 5.5D：S に入る A_P に属するすべての弧の長さは非負であり，S から出る A_Q に属するすべての弧の長さも非負である．
[証明] 主張 5.5C の証明の冒頭部分より，頂点 0 に入る A_P の弧 $a = (e', 0)$ と頂点 0 から出る A_Q の弧 $a' = (0, e'')$ のみを考慮すれば十分である．すべての $e \in E \setminus S$ に対して $p(e) = s(e)$ であるから，

$$\ell(a) = (f_P^{\leq} + p)(x) - (f_P^{\leq} + p)(x - \chi_{e'}) = (f_P + s)(x) - (f_P + s)(x - \chi_{e'})$$
$$\ell(a') = (f_Q^{\leq} - p)(x) - (f_Q^{\leq} - p)(x - \chi_{e''}) = (f_Q - s)(x) - (f_Q - s)(x - \chi_{e''})$$

これらの非負性は (x, s) が動機制約を満たすことよりいえる． □

前述の (a) と (b) による p, z_P, z_Q の更新において，条件 (5.18)〜(5.20) および主張 5.5B，主張 5.5C と主張 5.5D が成立している．以降では，これらを保存しつつ，p, z_P, z_Q, S の更新を繰り返す．各更新では $S \subseteq \{0\} \cup E$ に新たな元を1つ加え，S から除かれる元はない．すなわち，高々 $|E|$ 回の反復で終了する．終了時点で，すなわち $S = \{0\} \cup E$ となった時点で，定理 2.3 と主張 5.5C より，$x \in \arg\max(f_P^{\leq} + p)$ であり，$x \in \arg\max(f_Q^{\leq} - p)$ である．$f_P^{\leq}$ と $f_Q^{\leq}$ の定義より，これは x, p, z_P, z_Q が (5.16) と (5.17) を満たすことを主張している．これにより，x, p, z_P, z_Q は (5.16)〜(5.20) を満たすので，定

5.5 諸性質の証明

理 5.2 の証明が終了する．どのように更新が行われるか具体的にみてみよう．

それぞれの $e' \in E \setminus S$ に関して，以下の 3 つの場合が考えられる．

(c) $\ell(a) < 0$ である弧 $a = (e, e') \in A_P$ が存在する

(d) $\ell(a') < 0$ である弧 $a' = (e', e'') \in A_Q$ が存在する

(e) すべての $a = (e, e') \in A_P$ に対し $\ell(a) \geq 0$ であり，すべての $a' = (e', e'') \in A_Q$ に対し $\ell(a') \geq 0$ である

主張 5.5B より，これら 3 つの場合は排他的である (同時に起こることはない)．

最初に (e) の場合を扱う．このときは，$S := S \cup \{e'\}$ と更新し，p, z_P, z_Q はそのまま変更しない．明らかに主張 5.5B は更新後も成立する．(e) の場合は，e' に入る A_P の弧で長さが負のものは存在せず，e' から出る A_Q の弧で長さが負のものも存在しない．これより，更新後の S に対しても主張 5.5D が保存され，この事実と更新前の S に対する主張 5.5D から更新後の S に対する主張 5.5C が導かれる．

次に (c) の場合を扱う．このとき，$p(e')$ を

$$p(e') := p(e') + \max\{\min\{\ell(a) \mid a = (e, e') \in A_P\}, \underline{\pi}(e') - p(e')\}$$

と更新し，さらにもし $\min\{\ell(a) \mid a = (e, e') \in A_P\} < \underline{\pi}(e') - p(e')$ であるならば $z_P(e') := x(e')$ とし，新しい p と z_P に対してネットワーク (G, ℓ) を更新する．ℓ の定義 (5.50) から

$$\ell(a) = \begin{cases} f_P^{\leq}(x) - f_P^{\leq}(x - \chi_{e_1} + \chi_{e_2}) + p(e_1) - p(e_2) & (a = (e_1, e_2) \in A_P) \\ f_Q^{\leq}(x) - f_Q^{\leq}(x + \chi_{e_1} - \chi_{e_2}) + p(e_1) - p(e_2) & (a = (e_1, e_2) \in A_Q) \end{cases}$$

である．更新により $p(e')$ が減少するので，A_P の弧であろうと A_Q の弧であろうとその弧が更新後も存在するならば，e' に入る弧の長さは $p(e')$ の減少分だけ増加し，e' から出る弧の長さは $p(e')$ の減少分だけ減少する．e' から出る A_Q の弧の長さは減少するが，更新前のネットワークにおける主張 5.5B から，これらの弧の長さの非負性は更新後のネットワークにおいても保存される．$\min\{\ell(a) \mid a = (e, e') \in A_P\} < \underline{\pi}(e') - p(e')$ である場合には $z_P(e') = x(e')$ なので，更新後のネットワークには $(e, e') \in A_P$ という弧が存在しない．$\underline{\pi}(e') - p(e') \leq \min\{\ell(a) \mid a = (e, e') \in A_P\}$ である場合には，更新後のネットワークでは e' に入るすべての弧 $a = (e, e') \in A_P$ の長さは非負となる．どちら

にしても e' について更新後のネットワークで (e) が成立するので,$S := S \cup \{e'\}$ とすればよい.このとき z_P と p の更新手続きから条件 (5.18)〜(5.20) が保存されている.以下では主張 5.5B,主張 5.5C と主張 5.5D が成立していることを示す.更新後も主張 5.5C が成立することを示すには,$e_1 \in S$ であるような任意の弧 $a_1 = (e', e_1) \in A_P$ に対して,$\ell(a_1) \geq 0$ が更新後に成立することを示せば十分である (e' に対し (e) が成立し,また更新前において S から e' に入る A_Q の弧の長さが非負であることが更新前の主張 5.5D よりいえ,この弧の長さは上記の更新で減少しないので,残りはこの場合のみである).更新前のネットワークにおいて,$\min\{\ell(a) \mid a = (e, e') \in A_P\}$ を達成する弧を $a^* = (e_0, e') \in A_P$ とする.(M♮) を繰り返し利用することで,次の不等式を得る.

$$(f_P^\leq + p)(x - \chi_{e'} + \chi_{e_1}) + (f_P^\leq + p)(x - \chi_{e_0} + \chi_{e'})$$
$$\leq \max \left\{ \begin{array}{l} (f_P^\leq + p)(x - \chi_{e_0} + \chi_{e_1}) + (f_P^\leq + p)(x) \\ (f_P^\leq + p)(x - \chi_{e_0} - \chi_{e'} + \chi_{e_1}) + (f_P^\leq + p)(x + \chi_{e'}) \end{array} \right\}$$
$$\leq \max \left\{ \begin{array}{l} (f_P^\leq + p)(x - \chi_{e_0} + \chi_{e_1}) + (f_P^\leq + p)(x) \\ (f_P^\leq + p)(x - \chi_{e_0}) + (f_P^\leq + p)(x + \chi_{e_1}) \end{array} \right\}$$
$$\leq (f_P^\leq + p)(x - \chi_{e_0} + \chi_{e_1}) + (f_P^\leq + p)(x)$$

上記不等式から,更新前において $\ell(a^*) + \ell(a_1) \geq \ell(e_0, e_1)$ かつ $(e_0, e_1) \in A_P$ を得る.更新前のネットワークに対する主張 5.5C と主張 5.5D より,$\ell(e_0, e_1) \geq 0$ が成立する.更新後の $\ell(a_1)$ は更新前の $\ell(a^*) + \ell(a_1)$ 以上であるから,更新後も $\ell(a_1) \geq 0$ が成り立ち,主張 5.5C が更新後も保たれる.更新後も主張 5.5B が保存されることを示すためには,更新後のネットワークにおいて連続する 2 つの弧 $a_1 = (e', e_1) \in A_P$ と $a_2 = (e_1, e_2) \in A_Q$ に対して $\ell(a_1) + \ell(a_2) \geq 0$ を示せば十分である.先の (M♮) を繰り返し利用した計算と同様に,更新前のネットワークにおいて,$(e_0, e_1) \in A_P$ と

$$\ell(a^*) + \ell(a_1) + \ell(a_2) \geq \ell(e_0, e_1) + \ell(a_2) \geq 0 \tag{5.61}$$

を得る.ここで最後の不等式は更新前の主張 5.5B による.更新後の $\ell(a_1) + \ell(a_2)$ は更新前の $\ell(a^*) + \ell(a_1) + \ell(a_2)$ 以上であるから,(5.61) より更新後の $\ell(a_1) + \ell(a_2)$ は非負である.よって更新後も主張 5.5B が保存される.主

張 5.5D は, e' 以外の部分については更新前の主張 5.5D から, e' については先の議論から, やはり保存される.

最後に (d) の場合を扱う. このときは, $p(e')$ を

$$p(e') := p(e') - \max\{\min\{\ell(a') \mid a' = (e', e'') \in A_Q\}, p(e') - \overline{\pi}(e')\}$$

と更新し, もし $\min\{\ell(a') \mid a' = (e', e'') \in A_Q\} < p(e') - \overline{\pi}(e')$ ならば, $z_Q(e') := x(e')$ とし, 新しい p と z_Q に対応してネットワーク (G, ℓ) も更新する. この更新後, $S := S \cup \{e'\}$ とする. この更新に対して条件 (5.18)〜(5.20) は成立している. (c) の場合の証明と同様に, 更新したネットワークと S に対して, 主張 5.5B, 主張 5.5C および主張 5.5D が保存されることが以下のようにいえる. 証明は前段落と同様なので不要と思う場合はスキップしてほしい. 更新により $p(e')$ が増加するので, A_P の弧であろうと A_Q の弧であろうとその弧が更新後も存在するならば, e' に入る弧の長さは $p(e')$ の増加分だけ減少し, e' から出る弧の長さは $p(e')$ の増加分だけ増加する. e' に入る A_P の弧の長さは減少するが, 更新前のネットワークにおける主張 5.5B から, これらの弧の長さの非負性は更新後のネットワークにおいても保存される. $\min\{\ell(a') \mid a' = (e', e'') \in A_Q\} < p(e') - \overline{\pi}(e')$ である場合には $z_Q(e') = x(e')$ なので, 更新後のネットワークには $(e', e'') \in A_Q$ という弧が存在しない. $p(e') - \overline{\pi}(e') \leq \min\{\ell(a') \mid a' = (e', e'') \in A_Q\}$ である場合には, 更新後のネットワークでは e' から出るすべての弧 $a = (e', e'') \in A_Q$ の長さは非負となる. どちらにしても e' について更新後のネットワークで (e) が成立している. 更新後も主張 5.5C が成立することを示すには, $e_1 \in S$ であるような任意の弧 $a_1 = (e_1, e') \in A_Q$ に対して, $\ell(a_1) \geq 0$ が更新後に成立することを示せば十分である (e' に対し (e) が成立し, また更新前において e' から S に入る A_P の弧の長さが非負であることが更新前の主張 5.5D よりいえ, この弧の長さは上記の更新で減少しないので, 残りはこの場合のみである). 更新前のネットワークにおいて, $\min\{\ell(a') \mid a' = (e', e'') \in A_Q\}$ を達成する弧を $a^* = (e', e_2) \in A_Q$ とする. (M♯) を繰り返し利用することで, 次の不等式を得る.

$$(f_Q^{\leq} - p)(x + \chi_{e_1} - \chi_{e'}) + (f_Q^{\leq} - p)(x + \chi_{e'} - \chi_{e_2})$$
$$\leq \max \left\{ \begin{array}{l} (f_Q^{\leq} - p)(x + \chi_{e_1} - \chi_{e_2}) + (f_Q^{\leq} - p)(x) \\ (f_Q^{\leq} - p)(x + \chi_{e_1} + \chi_{e'} - \chi_{e_2}) + (f_Q^{\leq} - p)(x - \chi_{e'}) \end{array} \right\}$$
$$\leq \max \left\{ \begin{array}{l} (f_Q^{\leq} - p)(x + \chi_{e_1} - \chi_{e_2}) + (f_Q^{\leq} - p)(x) \\ (f_Q^{\leq} - p)(x + \chi_{e_1}) + (f_Q^{\leq} - p)(x - \chi_{e_2}) \end{array} \right\}$$
$$\leq (f_Q^{\leq} - p)(x + \chi_{e_1} - \chi_{e_2}) + (f_Q^{\leq} - p)(x)$$

上記不等式から，更新前において $\ell(a_1) + \ell(a^*) \geq \ell(e_1, e_2)$ かつ $(e_1, e_2) \in A_Q$ を得る．更新前のネットワークに対する主張 5.5C と主張 5.5D より，$\ell(e_1, e_2) \geq 0$ が成立する．更新後の $\ell(a_1)$ は更新前の $\ell(a_1) + \ell(a^*)$ 以上であるから，更新後も $\ell(a_1) \geq 0$ が成り立ち，主張 5.5C が更新後も保たれる．更新後も主張 5.5B が保存されることを示すためには，更新後のネットワークにおいて連続する 2 つの弧 $a_0 = (e_0, e_1) \in A_P$ と $a_1 = (e_1, e') \in A_Q$ に対して $\ell(a_0) + \ell(a_1) \geq 0$ を示せば十分である．先の $(M^\natural)$ を繰り返し利用した計算と同様に，更新前のネットワークにおいて，$(e_1, e_2) \in A_Q$ と

$$\ell(a_0) + \ell(a_1) + \ell(a^*) \geq \ell(a_0) + \ell(e_1, e_2) \geq 0 \tag{5.62}$$

を得る．ここで最後の不等式は更新前の主張 5.5B による．更新後の $\ell(a_0) + \ell(a_1)$ は更新前の $\ell(a_0) + \ell(a_1) + \ell(a^*)$ 以上であるから，(5.62) より更新後の $\ell(a_0) + \ell(a_1)$ は非負である．よって更新後も主張 5.5B が保存される．主張 5.5D は，e' 以外の部分については更新前の主張 5.5D から，e' については先の議論から，やはり保存される．

以上より，(c), (d), (e) のどの場合においても条件 (5.18)〜(5.20) および主張 5.5B, 主張 5.5C と主張 5.5D を保存しながら p, z_P, z_Q を更新し，S を大きくできることが示された．

A 線形計画

A.1 線形計画問題

n 個の実変数 $x_1, x_2, \ldots, x_n$ に対して, 有限個の実係数の 1 次等式 ($\sum_j a_j x_j = b$) や等号付き 1 次不等式 ($\sum_j a_j x_j \leq b$) を満たすという制約下で, 1 次関数 ($\sum_j c_j x_j$) を最大化 (あるいは最小化) する問題を**線形計画問題**という. 最適化するべき関数 $\sum_j c_j x_j$ を**目的関数**とよぶ. どのような線形計画問題も, ① 目的関数や不等式制約の両辺を -1 倍する, ② 等式制約は 2 つの不等式制約に置き換える, ③ 非負条件のない変数 x_i を 2 つの非負変数 x_i' と x_i'' の差 $x_i = x_i' - x_i''$ で置き換え消去するという 3 つの操作を利用することで, 以下の形

$$
\begin{aligned}
\text{最大化} \quad & \sum_{j=1}^{n} c_j x_j \\
\text{制約} \quad & \sum_{j=1}^{n} a_{ij} x_j \leq b_i \quad (i = 1, 2, \ldots, m) \\
& x_j \geq 0 \quad (j = 1, 2, \ldots, n)
\end{aligned}
\tag{A.1}
$$

に (問題を本質的に変更することなく) 書き換えることができるので, 数学的にはこの形を扱うだけで十分である. 以降では, (A.1) を標準形として扱う. $m \times n$ 行列 A, m 次元ベクトル b, n 次元ベクトル c, n 次元変数ベクトル x を

$$
A = \begin{pmatrix} a_{11} & a_{12} & \cdots & a_{1n} \\ a_{21} & a_{22} & \cdots & a_{2n} \\ \vdots & \vdots & \ddots & \vdots \\ a_{m1} & a_{m2} & \cdots & a_{mn} \end{pmatrix}, \ b = \begin{pmatrix} b_1 \\ b_2 \\ \vdots \\ b_m \end{pmatrix}, \ c = \begin{pmatrix} c_1 \\ c_2 \\ \vdots \\ c_n \end{pmatrix}, \ x = \begin{pmatrix} x_1 \\ x_2 \\ \vdots \\ x_n \end{pmatrix}
$$

とし，線形計画問題 (A.1) を

$$\text{最大化} \quad c^\top x$$
$$\text{制約} \quad Ax \leq b \qquad (A.2)$$
$$x \geq \mathbf{0}$$

と表記することもある．ただし，$c^\top$ はベクトル c の転置を意味する．

(A.2) のすべての制約条件を満たす x を**実行可能解**あるいは**許容解**といい，実行可能解全体からなる集合を**実行可能領域**あるいは**許容領域**という．実行可能解をもたないとき，線形計画問題 (A.2) は**実行不可能**であるといい，実行可能解をもつとき**実行可能**であるという．(A.2) のある実行可能解 x^* がすべての実行可能解 x に対して

$$c^\top x^* \geq c^\top x$$

を満たすとき，x^* を**最適解**とよぶ．目的関数をいくらでも大きくできるとき，すなわち任意の実数 M に対して，

$$c^\top x \geq M$$

を満たす実行可能解 x が存在するとき，問題 (A.2) は**非有界**であるといい，そうでないとき**有界**であるという．線形計画問題について，以下の定理が成り立つ．

定理 A.1 実行可能で有界な線形計画問題は，最適解をもつ．

定理 A.1 は，線形計画問題の答えには実行不可能，非有界あるいは最適解が存在するの 3 通りしかないことを主張している．特に，実行可能領域が非空で有界な線形計画問題は，最適解をもつことがいえる．

A.2 最適解の整数性

制約条件 $Ax \leq b$ の左辺に m 次元非負ベクトル s を加えることで (A.2) を

$$\text{最大化} \quad c^\top x$$
$$\text{制約} \quad Ax + s = b \qquad (A.3)$$
$$x, s \geq \mathbf{0}$$

と書き換える．単位行列を I と表記したとき，問題 (A.3) の等式制約を表現する行列は $m \times (n+m)$ 行列 (A, I) であるが，これを $\overline{A}$ と略記しよう．変数ベクトルも x と s を合わせたものを $\overline{x}$ と略記する．すなわち，(A.3) の等式制約は $\overline{A}\overline{x} = b$ となる．

$\overline{A}$ の階数は m であるから，$\overline{A}$ から適当に m 個の列を選び，その集合を B として，B に対応する列からなる $\overline{A}$ の $m \times m$ 小行列を $\overline{A}_B$ と表すとする．同様に，$\overline{x}_B$ は B に対応する $\overline{x}$ の成分からなるベクトルとする．B 以外の列の集合を N と表し，このような B と N をそれぞれ基底と非基底とよぶ．このとき，$\overline{A}\overline{x} = b$ を満たす解として，

$$\overline{x}_B = (\overline{A}_B)^{-1}b, \quad \overline{x}_N = \mathbf{0}$$

があるが，これを基底 B に対する (A.3) の**基底解**という．さらに，基底解が実行可能であるとき，**実行可能基底解**という．基底解は線形計画問題を解くアルゴリズムである単体法[*1)] では重要な役割を演じるが，ここでは主要な結果のみを記載する．

定理 A.2 線形計画問題 (A.3) が最適解をもつならば，基底解でもある最適解 (**最適基底解**) をもつ．

線形計画問題 (A.2) や (A.3) において制約条件を表現する行列 A が特殊な構造をもっていると，整数最適解 (すべての成分が整数である最適解) が存在する場合がある．例えば，行列が完全単模の場合である．行列 A が**完全単模**であるとは，A のすべての小行列式が 0 か ± 1 となることである．定義より完全単模行列の各成分は 0 か ± 1 でなければならない．A が完全単模でありかつ b が整数ベクトルであるとき，最適基底解が存在するならば，以下のようにそれは整数ベクトルである．A が完全単模ならば $\overline{A} = (A, I)$ も (完全単模性の定義より) 完全単模となる．(A.3) の最適基底解 $\overline{x}^*$ に対応する基底を B とすると，$\overline{x}^*$ は連立 1 次方程式

$$\overline{A}_B \overline{x}_B = b, \quad \overline{x}_N = \mathbf{0}$$

の解である．b の成分が整数であることと $\det \overline{A}_B = \pm 1$ であるから，クラメー

[*1)] 線形計画に関する図書[8, 13, 83] などを参照されたい．

ルの公式[*2]より $(\overline{A}_B)^{-1}b$ は整数ベクトルとなる．上の議論は任意の基底解が整数ベクトルであることも示している．(A.3) の最適基底解 $\overline{x}^* = (x^*, s^*)$ の x^* の部分が (A.2) の最適解となるので，(A.2) にも整数最適解が存在する．以上をまとめると以下の定理を得る．

定理 A.3 線形計画問題 (A.2) や (A.3) において行列 A が完全単模でありかつ b が整数ベクトルであるとき，最適解が存在するならば，整数最適解が存在する．

行列が完全単模であるための必要十分条件については図書[75]で詳しく議論されているが，ここではそのうちの 2 つを紹介しよう．

補題 A.4 各成分が 0 または ± 1 の行列 A について，以下の主張は同値である．
① A は完全単模である
② A から任意にいくつかの行を選んだとき，これらをうまく 2 つに分割すれば，一方の和から他方の和を引くことで得られる行ベクトルの成分は 0 または ± 1 のみである
③ それぞれの整数ベクトル b に対して，凸多面体 $\{x \mid Ax \leq b, x \geq \mathbf{0}\}$ は整数端点のみをもつ

補題 A.4 の ③ は，先に述べた基底解がすべて整数であることに対応している．補題 A.4 の ② は行列の完全単模性を確認するために次のように有益である．

例 A.1 2 部グラフ $G(X, Y; E)$ において，その接続行列 M を考える[*3]．M の行集合と頂点集合 $X \cup Y$ には 1 対 1 対応があるので，各頂点 $v \in X \cup Y$ を M の 1 つの行と同一視し，この行を M_v と表記することにする．M の行から任意にいくつか選んだものを S とする．S を $S \cap X$ と $S \cap Y$ に分割したとき，

[*2] 正則行列 P に対する連立 1 次方程式 $Px = b$ の解 x の第 i 成分 x_i は P の第 i 列を b に置き換えた行列 P' を用いて $x_i = \det P'/\det P$ となる．

[*3] 頂点集合が V で辺集合が E であるグラフ $G = (V, E)$ に対して，$|V| \times |E|$ 行列 M が G の接続行列であるとは，次の条件を満たすことと定義する．V と M の行集合の間に 1 対 1 対応があり，E と M の列集合の間にも 1 対 1 対応があり，さらに頂点 v が辺 e に接続する (v が e の端点である) とき M の (v, e) 成分が 1 で，それ以外のとき 0 である．

$$\sum_{v \in S \cap X} M_v - \sum_{v \in S \cap Y} M_v$$

の成分は 0 または ±1 である．なぜならば，M の各列は G の辺に対応するが，この辺は X 内の頂点と Y 内の頂点を結ぶため，$\sum_{v \in S \cap X} M_v$ も $\sum_{v \in S \cap Y} M_v$ も各成分は 0 または 1 である．よって，補題 A.4 の ② より M は完全単模である．このことより，第 3.2 節の線形計画問題 (3.1) は完全単模行列を制約の係数行列としてもつ． ∎

A.3 双対問題と双対理論

線形計画問題 (A.1) の最適値の上界を，制約条件を用いて算定してみる．(A.1) の i 番目の制約不等式 $\sum_{j=1}^{n} a_{ij} x_j \leq b_i$ の両辺を非負の数 y_i 倍してみる．y_i は非負なので不等式の向きは保存され，これらを加えることで

$$\sum_{i=1}^{m} \left(\sum_{j=1}^{n} a_{ij} x_j \right) y_i = \sum_{j=1}^{n} \left(\sum_{i=1}^{m} a_{ij} y_i \right) x_j \leq \sum_{i=1}^{m} b_i y_i \tag{A.4}$$

という不等式を得る．仮に

$$\sum_{i=1}^{m} a_{ij} y_i \geq c_j \qquad (j = 1, 2, \ldots, n) \tag{A.5}$$

であると，x が (A.1) の実行可能解，すなわち $x \geq \mathbf{0}$ という前提のもとでは

$$\sum_{j=1}^{n} c_j x_j \leq \sum_{j=1}^{n} \left(\sum_{i=1}^{m} a_{ij} y_i \right) x_j \tag{A.6}$$

となるので，(A.4) と (A.6) より

$$\sum_{j=1}^{n} c_j x_j \leq \sum_{i=1}^{m} b_i y_i \tag{A.7}$$

を得る．(A.7) は (A.5) と $y \geq \mathbf{0}$ を満たすように y を選ぶと，線形計画問題 (A.1) の最適値の上界として $\sum_{i=1}^{m} b_i y_i$ が得られることを意味している．できる限り小さな上界を得ることが望ましいが，この上界の最小化は，次の線形計

画問題として記述できる．

$$
\begin{aligned}
\text{最小化} \quad & \sum_{i=1}^{m} b_i y_i \\
\text{制約} \quad & \sum_{i=1}^{m} a_{ij} y_i \geq c_j \quad (j = 1, 2, \ldots, n) \\
& y_i \geq 0 \quad (i = 1, 2, \ldots, m)
\end{aligned} \quad \text{(A.8)}
$$

線形計画問題 (A.8) を線形計画問題 (A.1) の**双対問題**といい，双対問題と対比するために (A.1) を**主問題**という．(A.8) を (A.2) のように行列を用いて記述すると以下のようになる．

$$
\begin{aligned}
\text{最小化} \quad & b^\top y \\
\text{制約} \quad & A^\top y \geq c \\
& y \geq \mathbf{0}
\end{aligned} \quad \text{(A.9)}
$$

詳細は省くが，(A.9) を (A.2) の形式に書き換えてから，その双対問題を作成すると主問題 (A.2) と等価な問題が得られる．双対問題の双対問題は主問題となるため，「双対」という用語が使用されるわけである．第 3.2 節の線形計画問題 (3.1) の双対問題が (3.2) であることを確認されたい．

主問題と双対問題に対してはいくつかの有用な結果が知られているので，それらを紹介しよう．まず，双対問題の導出の仕方から以下の弱双対定理とよばれる結果が成り立つ．

定理 A.5 (弱双対定理) 主問題 (A.2) の任意の実行可能解 x と双対問題 (A.9) の任意の実行可能解 y に対して，$c^\top x \leq b^\top y$ が常に成立する．

この弱双対定理より，以下の系が導かれる．

系 A.6 (A.2) の実行可能解 x と (A.9) の実行可能解 y に対して，$c^\top x = b^\top y$ が成立するならば，x と y はそれぞれの問題の最適解である．

系 A.7 (A.2) と (A.9) の一方が非有界ならば，他方は実行不可能である．

系 A.6 の逆の主張にあたる以下の双対定理が線形計画の双対理論の核となる．

定理 A.8 (双対定理)　主問題あるいは双対問題の一方が最適解をもつならば，他方も最適解をもち，さらに両者の最適値が一致する．

(A.2) の任意の最適解 x と (A.9) の任意の最適解 y に対して，双対定理 (定理 A.8) より，$c^\top x = b^\top y$ が成立しなければならない．これは，(A.4) と (A.6) の不等式が等号で成立しなければならないことを導く．すなわち，

$$\sum_{j=1}^{n} a_{ij}x_j = b_i \text{ または } y_i = 0 \quad (i=1,2,\ldots,m) \tag{A.10}$$

かつ

$$\sum_{i=1}^{m} a_{ij}y_i = c_j \text{ または } x_j = 0 \quad (j=1,2,\ldots,n) \tag{A.11}$$

が成立しなければならない．(A.10) と (A.11) を合わせて**相補性条件**という．最適解ならば相補性条件を満たすことを示したが，逆に x と y がそれぞれ主問題と双対問題の実行可能解でかつ相補性条件を満たすならば，(A.7) が等号で成立し，系 A.6 より，x と y はそれぞれ最適解となる．まとめると以下の相補性定理を得る．

定理 A.9 (相補性定理)　(A.2) の実行可能解 x と (A.9) の実行可能解 y がともに最適解であるための必要十分条件はこれらが相補性条件を満たすことである．

相補性定理の表現にはバリエーションがあり，例えば「主問題 (A.2) の実行可能解 x が最適解であるための必要十分条件は双対問題 (A.9) の実行可能解で x と相補性条件を満たすものが存在することである」などがある．

B 半順序集合，束，Tarskiの不動点定理

B.1 半順序集合と束

集合 A に対して，A の2つ元の間の関係を **2項関係**という．A における2項関係 $\preceq$ が次の3つの条件

反 射 律：任意の $x \in A$ に対して $x \preceq x$
反対称律：任意の $x, y \in A$ に対して $x \preceq y$ かつ $y \preceq x$ ならば $x = y$
推 移 律：任意の $x, y, z \in A$ に対して $x \preceq y$ かつ $y \preceq z$ ならば $x \preceq z$

を満たすとき，2項関係 $\preceq$ を**半順序関係**といい，$(A, \preceq)$ を**半順序集合**という．特に，任意の $x, y \in A$ に対して，$x \preceq y$ あるいは $y \preceq x$ が成立するとき，$\preceq$ を**全順序関係**といい，$(A, \preceq)$ を**全順序集合**という．

半順序集合 $(A, \preceq)$ と $S \subseteq A$ に対して，$a \in S$ が条件

$$x \in S \Rightarrow x \preceq a \tag{B.1}$$

を満たすとき，a を S の**最大元**といい，$a \in S$ が条件

$$x \in S \Rightarrow a \preceq x \tag{B.2}$$

を満たすとき，a を S の**最小元**という．$a \in S$ という条件を課さずに，単に (B.1) を満たす $a \in A$ を S の**上界**といい，同様に単に (B.2) を満たす $a \in A$ を S の**下界**という．S の上界全体に最小元が存在するとき，これを S の**上限**といい，$\sup S$ と記す．また，S の下界全体に最大元が存在するとき，これを S の**下限**といい，$\inf S$ と記す．

半順序集合 $(A, \preceq)$ において，任意の $x, y \in A$ に対して，$\sup\{x, y\}$ と $\inf\{x, y\}$ が存在するとき，$(A, \preceq)$ は**束**をなすという．束 $(A, \preceq)$ において，$\sup\{x, y\}$ を

$x \vee y$ と表記して，結びとよび，$\inf\{x,y\}$ を $x \wedge y$ と表記して，交わりとよぶこともある．特に，束 $(A, \preceq)$ において，任意の $S \subseteq A$ に対して，$\inf S$ と $\sup S$ が存在するとき，$(A, \preceq)$ は完備であるという．例えば，A が有限集合であるような束 $(A, \preceq)$ は完備である．

B.2 Tarski の不動点定理

本節では，Tarski[87)] による束上の不動点定理，一般に **Tarski の不動点定理** とよばれるものを証明とともに紹介する．

束 $(A, \preceq)$ に対して，写像 $F : A \to A$ を考える．F が**単調写像**であるとは，任意の $x, y \in A$ に対して $x \preceq y$ ならば $F(x) \preceq F(y)$ となることと定義する．また，束上の写像 F の**不動点**を $F(x) = x$ を満たす A の元 x と定義する．

定理 B.1 (Tarski の不動点定理)　完備束 $(A, \preceq)$ と単調写像 $F : A \to A$ に対して，P を F の不動点全体とすると，$P \neq \emptyset$ であり，$(P, \preceq)$ は完備束となる．

[証明]　$u \in A$ を

$$u = \sup\{x \in A \mid x \preceq F(x)\} \tag{B.3}$$

と定義する．$(A, \preceq)$ は完備束なのでこのような u は必ず存在する．$x \preceq F(x)$ である任意の元 x に対して $x \preceq u$ であり，F の単調性より $F(x) \preceq F(u)$ なので，$x \preceq F(u)$ を得る．このことは，$F(u)$ が $\{x \in A \mid x \preceq F(x)\}$ の上界であることを示しているから，u の定義 (B.3) より，

$$u \preceq F(u) \tag{B.4}$$

である．さらに F の単調性より，$F(u) \preceq F(F(u))$ なので，$F(u) \in \{x \in A \mid x \preceq F(x)\}$ である．この事実と (B.3) より，

$$F(u) \preceq u \tag{B.5}$$

であり，(B.4) と (B.5) より $u = F(u)$ となるので u は F の不動点である．すなわち，$P \neq \emptyset$ が示せた．

また $P \subseteq \{x \in A \mid x \preceq F(x)\}$ より，上の議論は以下の事実をも示している．

$$\sup P = \sup\{x \in A \mid x \preceq F(x)\} \in P \tag{B.6}$$

前段落と同様に

$$v = \inf\{x \in A \mid F(x) \preceq x\}$$

と定義すると，$F(v) \preceq v$, $F(v) \in \{x \in A \mid F(x) \preceq x\}$，および $v \preceq F(v)$ がいえ，v は F の不動点となり，さらに

$$\inf P = \inf\{x \in A \mid F(x) \preceq x\} \in P \tag{B.7}$$

が導かれる．

ここで，任意の $Y \subseteq P$ に対して，

$$B = \{x \in A \mid \sup Y \preceq x\}$$

とすると，$(B, \preceq)$ も完備束となる．任意の $x \in Y$ に対して，$x \preceq \sup Y$ であるから，x が不動点であることと F の単調性より

$$x = F(x) \preceq F(\sup Y)$$

となるが，これは $\sup Y \preceq F(\sup Y)$ を導く．これより，$\sup Y \preceq z$ ならば

$$\sup Y \preceq F(\sup Y) \preceq F(z)$$

であるから，F の B への制限を F' とすると，F' は B から B への単調写像となる．完備束 $(B, \preceq)$ と単調写像 F' に (B.7) を適用すると F' の不動点全体の下限 v は F' の不動点であり，明らかに F の不動点でもある．さらに v は Y の上界の最小不動点であり，言い換えると $(P, \preceq)$ における Y の上限である．上の議論と同様に，

$$C = \{x \in A \mid x \preceq \inf Y\}$$

とすると，$(C, \preceq)$ も完備束であり，任意の $x \in Y$ に対して，$\inf Y \preceq x$ であるから，$F(\inf Y) \preceq F(x) = x$ となり，$F(\inf Y) \preceq \inf Y$ が導かれる．これより，$z \preceq \inf Y$ ならば，$F(z) \preceq F(\inf Y) \preceq \inf Y$ であるから，F の C への制限 F'' も単調写像で，$(C, \preceq)$ と F'' に (B.6) を適用すると F'' の不動点全体の上限 u は F'' の不動点であり，F の不動点でもある．さらに u は Y の下界の最大不動点であり，言い換えると $(P, \preceq)$ における Y の下限である．Y は P の任意の部分集合であったので，$(P, \preceq)$ は完備束である． □

C マトロイドの基礎

マトロイドは，Whitney[90)] により提案され，1次独立性・1次従属性，行列の階数などの組合せ的側面を抽出し，公理化した離散構造である．ここでは本書を読むために最低限必要なことについて簡単に紹介する．マトロイドやその関連分野の詳しいことについては図書[57, 68)] などを参照してほしい．マトロイドには独立集合族，基族，サーキット族，階数関数などを用いた多くの表現方法があるが，付録 C.1 ではマトロイドの独立集合族と基族を用いた公理とその例を紹介する．付録 C.2 では最大重み独立集合問題に対する貪欲解法を紹介する．

C.1 マトロイドの公理系

有限集合 V の部分集合族 $\mathcal{I}$ が次の条件
- (I1) $\emptyset \in \mathcal{I}$
- (I2) $X \in \mathcal{I}$ かつ $X' \subseteq X$ ならば $X' \in \mathcal{I}$
- (I3) $X_1, X_2 \in \mathcal{I}$ かつ $|X_1| < |X_2|$ ならば $X_1 \cup \{v\} \in \mathcal{I}$ となる $v \in X_2 \setminus X_1$ が存在する

を満たすとき，$M = (V, \mathcal{I})$ を V 上のマトロイドといい，$\mathcal{I}$ をその独立集合族という．また V をこのマトロイドの台集合といい，$\mathcal{I}$ の元を独立集合という．(I1)〜(I3) は1次独立性 (線形独立性) を組合せ的に抽象化したものである．(I1) は空集合は常に独立集合であることを主張しているが，(I2) を前提とすれば，(I1) は「$\mathcal{I} \neq \emptyset$」と同値となる．(I1) の代わりにこれを採用する場合もある．(I2) は独立集合の部分集合は独立集合であることを主張している．(I1) と (I2) を満たす集合族を独立システムとよぶこともあるが，マトロイドの独立集

合族の本質は (I3) である. (I3) は大きな独立集合から小さな独立集合に要素を1つ加えることで, 小さい方を大きくできると主張している. この性質をみるために例を紹介しよう.

例 C.1 A を行列とし, V を A の列ベクトルの集合とする. $\mathcal{I}_A$ を

$$\mathcal{I}_A = \{X \subseteq V \mid X \text{ に対応した } A \text{ の列ベクトル集合が 1 次独立}\}$$

と定義すると, $M = (V, \mathcal{I}_A)$ は V 上のマトロイドとなる. このように行列から導出されるマトロイドを**線形マトロイド**という. M に対し (I1) と (I2) は 1 次独立性の定義より成り立つので, (I3) を具体例を用いて眺めてみよう. 例えば, 行列 A (a_i は A の第 i 列とする) を

$$A = \begin{pmatrix} a_1 & a_2 & a_3 & a_4 \end{pmatrix} = \begin{pmatrix} 1 & 0 & 1 & 1 \\ 1 & 1 & 0 & -1 \\ 0 & 1 & 1 & 0 \end{pmatrix}$$

とし, $V = \{a_1, a_2, a_3, a_4\}$ とすると

$$\mathcal{I}_A = \left\{ \begin{array}{l} \emptyset, \{a_1\}, \{a_2\}, \{a_3\}, \{a_4\}, \{a_1, a_2\}, \{a_1, a_3\}, \{a_1, a_4\}, \{a_2, a_3\}, \\ \{a_2, a_4\}, \{a_3, a_4\}, \{a_1, a_2, a_3\}, \{a_1, a_2, a_4\}, \{a_1, a_3, a_4\} \end{array} \right\}$$

となる. $X_1 = \{a_2, a_3\}$, $X_2 = \{a_1, a_2, a_4\}$ とする. このとき, X_1 は a_2, a_3 を生成元とする (これらの 1 次結合で張られる) $\mathbf{R}^3$ の 2 次元部分空間 W_1 に対応し, X_2 は a_1, a_3, a_4 を生成元とする 3 次元部分空間 $W_2 = \mathbf{R}^3$ に対応しているとみなす. 次元の違いから X_2 の少なくとも 1 つの元は W_1 には含まれない. この場合は, a_4 は W_1 に含まれてしまうが, a_1 は W_1 に含まれない. すなわち, a_1 を X_1 に加えることで, これらが張る部分空間は W_1 より大きくなる. この事実は 2 つの部分空間の次元が異なれば常に成り立ち, 大きい次元の部分空間の (1 次独立な) 生成元から小さい次元の部分空間の (1 次独立な) 生成元に適当な 1 つの元を加えることで小さい部分空間を大きくできる. この性質を組合せ的に抽出したものが (I3) である. ∎

例 C.2 グラフから得られるマトロイドを紹介しよう. $G = (V, E)$ を頂点集

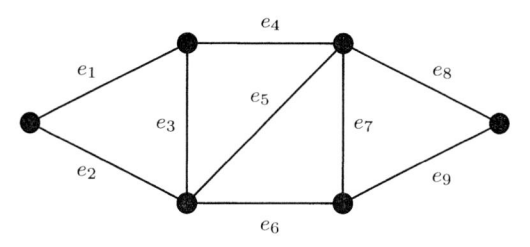

図 **C.1** グラフ的マトロイドの例

合 V，辺集合 E をもつグラフとする．このとき，

$$\mathcal{I}_G = \{X \subseteq E \mid X \text{ はグラフ } G \text{ において閉路を含まない}\}$$

と定義すると，$M = (E, \mathcal{I}_G)$ は E 上のマトロイドとなり，このように定義されるマトロイドをグラフ的マトロイドという．閉路を含まない辺集合の部分集合も閉路を含まないので，M が (I1) と (I2) を満たすことはよいであろう．(I3) の条件を例を用いて確認しよう．例えば，$G = (V, E)$ を図 C.1 のように定めると $X_1 = \{e_1, e_2, e_5, e_9\}$ や $X_2 = \{e_1, e_3, e_4, e_6, e_8\}$ は，閉路を含まないので $\mathcal{I}_G$ の元である．一方，$\{e_1, e_2, e_3, e_5, e_9\}$ は閉路 $\{e_1, e_2, e_3\}$ を含むため $\mathcal{I}_G$ の元ではない．$|X_1| = 4 < 5 = |X_2|$ なので，(I3) を確認してみよう．$X_2 \setminus X_1 = \{e_3, e_4, e_6, e_8\}$ の元 e_3 や e_4 を X_1 に加えても閉路ができてしまうが，e_6 や e_8 を X_1 に加えても閉路ができない．その理由を説明しよう．G において辺集合を X_1 に制限した G の部分グラフ $G_1 = (V, X_1)$ を考える．G_1 において，辺をたどって行き合える頂点同士で V を分割してみる．分割の各成分は連結成分とよばれるが，G_1 では $\{e_1, e_2, e_5\}$ に接続する頂点の集合と $\{e_9\}$ に接続する頂点の集合の 2 つの連結成分に分かれる．一般に，閉路を含まない $X \subseteq E$ に対して，(V, X) の連結成分数は $|V| - |X|$ となる．すなわち，部分グラフ $G_2 = (V, X_2)$ の連結成分数 $6 - 5 = 1$ は G_1 の連結成分数より少なく，X_2 のある辺は G_1 の異なる連結成分間を結ぶ辺となる．実際に e_6, e_8 がこの条件を満たすが，このように異なる連結成分間を結ぶ辺を追加しても閉路はできない．一般の場合も同様にして (I3) の成立を示すことができる． ■

例 **C.3** 集合族 $\mathcal{P} = \{V_1, V_2, \ldots, V_r\}$ を V の分割[*1)] とする. このとき,

$$\mathcal{I}_\mathcal{P} = \{X \subseteq V \mid |X \cap V_i| \leq 1 \ (i = 1, 2, \ldots, r)\}$$

と定義すると, $M = (V, \mathcal{I}_\mathcal{P})$ は V 上のマトロイドとなり, このように定義されるマトロイドを**分割マトロイド**という. 分割マトロイドの独立集合は, V の分割 $\mathcal{P}$ において, 各 V_i から高々 1 つの元しか選んでいないものである. $\mathcal{I}_\mathcal{P}$ が実際に (I1)〜(I3) を満たすことを示すのは簡単であるから省略する.

2 部グラフ $G = (V_1, V_2; E)$ において, V_1 の各頂点 i に接続する辺全体を $E_{(i)}$ と表記すると $\{E_{(i)} \mid i \in V_1\}$ は E の分割となる. この分割から得られる分割マトロイドの独立集合族を $\mathcal{I}_1$ とし, 同様に V_2 の頂点との接続関係から得られる分割マトロイドの独立集合族を $\mathcal{I}_2$ とする. このとき, $\mathcal{I}_1 \cap \mathcal{I}_2$ の元は G の辺の集合であって端点を共有しない. このような辺の集合を G の**マッチング**という. 2 部グラフのマッチングは 2 つの分割マトロイドの共通独立集合として特徴付けることができる. この事実は, 本書でもよく使われる. ∎

V 上のマトロイド $M = (V, \mathcal{I})$ に対して, $\mathcal{I}$ の元で包含関係に関して極大なものを集めたものを $\mathcal{B}$ とする. $\mathcal{B}$ はマトロイド M の**基族**といい, $\mathcal{B}$ の元をマトロイド M の**基**という. $\mathcal{B}$ は

(B1) $\mathcal{B} \neq \emptyset$

(B2) $X_1, X_2 \in \mathcal{I}$ と $u \in X_1 \setminus X_2$ に対して, $X_1 \setminus \{u\} \cup \{v\} \in \mathcal{B}$ となる $v \in X_2 \setminus X_1$ が存在する

を満たすことが知られている. また $\mathcal{B}$ から

$$\mathcal{I}' = \{X \subseteq V \mid \exists Y \in \mathcal{B} : X \subseteq Y\}$$

を定めると, $\mathcal{I}'$ は元々の $\mathcal{I}$ と一致する. 逆に (B1) と (B2) を満たす $\mathcal{B}$ から上記のように $\mathcal{I}'$ を定めると $\mathcal{I}'$ は (I1)〜(I3) を満たし, $\mathcal{I}'$ 内の包含関係に関する極大元全体は $\mathcal{B}$ と一致する. 上記のようにマトロイドを基族を用いて表現することもできる. 実は (B2) はより強い性質 (B2′) に置き換えることもできる.

[*1)] 集合族 $\mathcal{P} = \{V_1, V_2, \ldots, V_r\}$ が $V_i \subseteq V \ (i = 1, 2, \ldots, r)$, $\bigcup_{i=1}^r V_i = V$ を満たし, さらに $i \neq j$ ならば $V_i \cap V_j = \emptyset$ を満たすとき, $\mathcal{P}$ を V の**分割**という.

(B2′) $X_1, X_2 \in \mathcal{I}$ と $u \in X_1 \setminus X_2$ に対して，$X_1 \setminus \{u\} \cup \{v\} \in \mathcal{B}$ かつ $X_2 \cup \{u\} \setminus \{v\} \in \mathcal{B}$ となる $v \in X_2 \setminus X_1$ が存在する

(B2′) は X_1 と X_2 において同時に u と v を交換できることを主張しているが，これを拡張したものが M 凸集合の (B) や M 凹関数の (M) である．

例 C.4 例 C.1 の具体例の $\mathcal{I}_A$ に対する基族を $\mathcal{B}_A$ と表記すると

$$\mathcal{B}_A = \{\{a_1, a_2, a_3\}, \{a_1, a_2, a_4\}, \{a_1, a_3, a_4\}\}$$

となる．$\mathcal{B}_A$ の元は $\mathbf{R}^3$ の基底になる．基族という名前はこれに由来する． ∎

例 C.5 例 C.2 で扱った図 C.1 の具体例についてみてみよう．下図のように 2 つの基を $X_1 = \{e_1, e_2, e_5, e_7, e_9\}$，$X_2 = \{e_1, e_3, e_4, e_6, e_8\}$ とする．

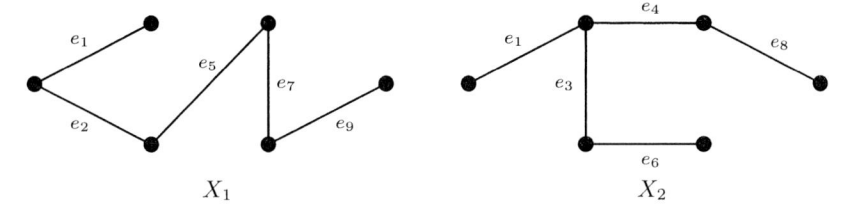

ここで，$u = e_5 \in X_1 \setminus X_2$ とする．X_1 から e_5 を除くと 2 つの連結成分に分かれるが，X_2 の元でこの 2 つの連結成分間を結ぶ e_4 か e_6 を $X_1 \setminus \{e_5\}$ に加えると新たな基を得る．しかし，両方が (B2′) を満たすわけではない．

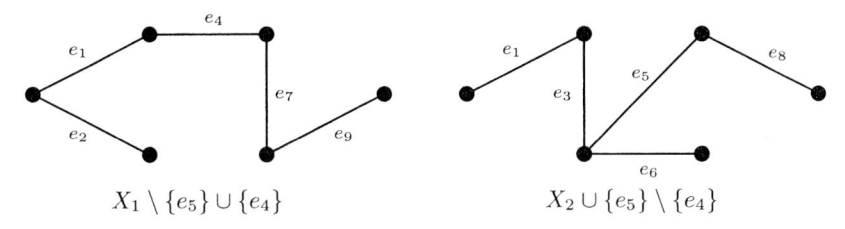

$X_1 \setminus \{e_5\} \cup \{e_4\}$ $X_2 \cup \{e_5\} \setminus \{e_4\}$

(B2′) を満たすためには上記のように e_4 を選ばなければならない． ∎

最後にマトロイドのサーキットの話を簡単にしよう．V 上のマトロイド $M = (V, \mathcal{I})$ に対して，V の部分集合で $\mathcal{I}$ に含まれないものを M の従属集合という．特に，従属集合全体の中で包含関係に関して極小な従属集合を M のサーキットという．独立集合 X と元 $v \in V \setminus X$ に対して，$X \cup \{v\} \notin \mathcal{I}$ なら

ば，$X \cup \{v\}$ は唯一のサーキット Y を含む．例えば，例 C.5 の基 X_2 に e_5 を加えるとサーキット $Y = \{e_3, e_4, e_5\}$ を含む．例 C.5 の X_1, X_2, e_5 に対して，(B2′) を満たすようにするには e_4 を選ばなければならない理由はこのサーキット Y を壊す必要があったからである．

C.2　最大重み独立集合問題と貪欲解法

本節では，与えられたマトロイド $M = (V, \mathcal{I})$ と重みベクトル $w \in \mathbf{R}^V$ に対して

$$\begin{array}{ll} \text{最大化} & \sum_{v \in X} w(v) \\ \text{制　約} & X \in \mathcal{I} \end{array} \tag{C.1}$$

という問題，すなわち含まれる元に対応した重みの総和を最大とする独立集合を求める問題を考える．この問題を**最大重み独立集合問題**とよぶ．最大重み独立集合については次の特徴付けが知られている．

定理 C.1　マトロイド $M = (V, \mathcal{I})$ と重みベクトル $w \in \mathbf{R}^V$ に対して，$X \in \mathcal{I}$ が最大重み独立集合であるための必要十分条件は，任意の $u \in X$ について $w(u) \geq 0$，任意の $v \in V \setminus X$ について，もし $X \cup \{v\} \in \mathcal{I}$ ならば $w(v) \leq 0$ が成立し，もし $X \cup \{v\} \notin \mathcal{I}$ ならば $X \cup \{v\}$ 内のサーキット Y の任意の元 u について $w(u) \geq w(v)$ が成立することである．

最後に最大重み独立集合を求めるアルゴリズムを紹介する．以下のアルゴリズムが最大重み独立集合を求めることは，上の定理 C.1 が保証する．また逆に，V 上の独立システム $\mathcal{I}$ ((I1) と (I2) を満たす集合族) に対して以下の貪欲解法を適用したときに，任意の重みベクトル w に対して常に重みの総和を最大とするものを求められるならば，$M = (V, \mathcal{I})$ はマトロイドとなることも知られている．貪欲解法はマトロイドの本質をつかんだアルゴリズムといえるだろう．

◇ **貪欲解法**───────────────────────────
入　力　　V 上のマトロイド $M = (V, \mathcal{I})$ と $w \in \mathbf{R}^V$；
出　力　　重みの総和 $w(X)$ が最大となる独立集合 X；
Step 1　V の元を $w(v_1) \geq \cdots \geq w(v_k) > 0 \geq w(v_{k-1}) \geq \cdots \geq w(v_n)$

となるように並べ替える；
Step 2 for $i := 1$ to k do {
if $X \cup \{v_i\} \in \mathcal{I}$ then $X := X \cup \{v_i\}$;
};
output X.

文 献

1) D. J. Abraham, R. W. Irving and D. F. Manlove: Two algorithms for the student-project allocation problem, *Journal of Discrete Algorithms*, **5** (2007), 73–90.
2) H. Adachi: On a characterization of stable matchings, *Economics Letters*, **68** (2000), 43–49.
3) A. Alkan and D. Gale: Stable schedule matching under revealed preference, *Journal of Economic Theory*, **112** (2003), 289–306.
4) 浅野孝夫: 情報の構造 (上, 下), 日本評論社, 1994.
5) M. Baïou and M. Balinski: Erratum: The stable allocation (or ordinal transportation) problem, *Mathematics of Operations Research*, **27** (2002), 662–680.
6) C. Beviá, M. Quinzii and J. A. Silva: Buying several indivisible goods, *Mathematical Social Sciences*, **37** (1999), 1–23.
7) S. Bikhchandani and J. W. Mamer: Competitive equilibrium in an exchange economy with indivisibilities, *Journal of Economic Theory*, **74** (1997), 385–413.
8) V. Chvátal : *Linear Programming*, W. H. Freeman and Company, New York, 1983 (阪田省二郎, 藤野和建, 田口　東 訳: 線形計画法 (上, 下), 啓学出版, 1986, 1988).
9) V. P. Crawford and E. M. Knoer: Job matching with heterogeneous firms and workers, *Econometrica*, **49** (1981), 437–450.
10) V. Danilov, G. Koshevoy and C. Lang: Gross substitution, discrete convexity, and submodularity, *Discrete Applied Mathematics*, **131** (2003), 283–298.
11) V. Danilov, G. Koshevoy and C. Lang: Substitutes, complements and equilibrium in two-sided market models, in: M. R. Sertel and S. Koray, eds., *Advances in Economic Design*, Springer-Verlag, Berlin, 2003, 105–125.
12) V. Danilov, G. Koshevoy and K. Murota: Discrete convexity and equilibria in economies with indivisible goods and money, *Mathematical Social Sciences*, **41** (2001), 251–273.
13) G. B. Dantzig: *Linear Programming and Extensions*, Princeton University Press, Princeton, 1998 (Reprint of the 1968 corrected edition).
14) A. W. M. Dress and W. Wenzel: Valuated matroids, *Advances in Mathematics*, **93** (1992), 214–250.
15) J. Edmonds: Submodular functions, matroids and certain polyhedra, in: R. Guy, H. Hanani, N. Sauer and J. Schönheim, eds., *Combinatorial Structures and Their Applications*, Gordon and Breach, New York, 1970, 69–87.
16) A. Eguchi and S. Fujishige: An extension of the Gale–Shapley matching algorithm

to a pair of M♮-concave functions, Discrete Mathematics and Systems Science Research Report, No.02–05, Division of Systems Science, Osaka University, 2002.

17) A. Eguchi, S. Fujishige and A. Tamura: A generalized Gale–Shapley algorithm for a discrete-concave stable-marriage model, in: T. Ibaraki, N. Katoh and H. Ono, eds., *Algorithms and Computation: 14th International Symposium, ISAAC2003*, Lecture Notes in Computer Science, **2906**, Springer-Verlag, Berlin, 2003, 495–504.

18) K. Eriksson and J. Karlander: Stable matching in a common generalization of the marriage and assignment models, *Discrete Mathematics*, **217** (2000), 135–156.

19) R. Farooq: A polynomial-time algorithm for a stable matching problem with linear valuations and bounded side payments, *Japan Journal of Industrial and Applied Mathematics*, **25** (2008), 83–98.

20) R. Farooq, Y. T. Ikebe and A. Tamura: On labor allocation model with possibly bounded salaries, *Journal of the Operations Research Society of Japan*, **51** (2008), 136–154.

21) R. Farooq and A. Shioura: A note on the equivalence between substitutability and M♮-convexity, *Pacific Journal of Optimization*, **1** (2005), 243–252.

22) R. Farooq and A. Tamura: A new characterization of M♮-convex set functions by substitutability, *Journal of the Operations Research Society of Japan*, **47** (2004), 18–24.

23) T. Fleiner: A matroid generalization of the stable matching polytope, in: B. Gerards and K. Aardal, eds., *Integer Programming and Combinatorial Optimization: 8th International IPCO Conference*, Lecture Notes in Computer Science, **2081**, Springer-Verlag, Berlin, 2001, 105–114.

24) T. Fleiner: A fixed point approach to stable matchings and some applications, *Mathematics of Operations Research*, **28** (2003), 103–126.

25) A. Frank and É. Tardos: Generalized polymatroids and submodular flows, *Mathematical Programming*, **42** (1988), 489–563.

26) S. Fujishige: *Submodular Functions and Optimization*, Annals of Discrete Mathematics, **47**, North-Holland, Amsterdam, 1991.

27) S. Fujishige: *Submodular Functions and Optimization*, 2nd ed., Annals of Discrete Mathematics, **58**, Elsevier, Amsterdam, 2005.

28) S. Fujishige and K. Murota: Notes on L-/M-convex functions and the separation theorems, *Mathematical Programming*, **88** (2000), 129–146.

29) S. Fujishige and A. Tamura: A general two-sided matching market with discrete concave utility functions, *Discrete Applied Mathematics*, **154** (2006), 950–970.

30) S. Fujishige and A. Tamura: A two-sided discrete-concave market with possibly bounded side payments: An approach by discrete convex analysis, *Mathematics of Operations Research*, **32** (2007), 136–154.

31) S. Fujishige and Z. Yang: A note on Kelso and Crawford's gross substitutes condition, *Mathematics of Operations Research*, **28** (2003), 463–469.

32) D. Gale: Equilibrium in a discrete exchange economy with money, *International Journal of Game Theory*, **13** (1984), 61–64.

33) D. Gale and L. S. Shapley: College admissions and the stability of marriage,

American Mathematical Monthly, **69** (1962), 9–15.
34) F. Gul and F. Stacchetti: Walrasian equilibrium with gross substitutes, *Journal of Economic Theory*, **87** (1999), 95–124.
35) D. Gusfield and R. W. Irving: *The Stable Marriage Problem: Structure and Algorithms*, MIT press, Boston, 1989.
36) J. W. Hatfield and P. R. Milgrom: Matching with contracts, *American Economic Review*, **95** (2005), 913–935.
37) C. Henry: Indivisibilités dans une economie d'echanges, *Econometrica*, **38** (1970), 542–558.
38) K. Iwama, S. Miyazaki and N. Yamauchi: A $(2-c\frac{1}{\sqrt{N}})$-approximation algorithm for the stable marriage problem, *Algorithmica*, **51** (2008), 342–356.
39) S. Iwata, S. Moriguchi and K. Murota: A capacity scaling algorithm for M-convex submodular flow, *Mathematical Programming*, **103** (2005), 181–202.
40) S. Iwata and M. Shigeno: Conjugate scaling algorithm for Fenchel-type duality in discrete convex optimization, *SIAM Journal on Optimization*, **13** (2002), 204–211.
41) M. Kaneko: Note on transferable utility, *International Journal of Game Theory*, **5** (1976), 183–185.
42) M. Kaneko: The central assignment game and the assignment markets, *Journal of Mathematical Economics*, **10** (1982), 205–232.
43) M. Kaneko and Y. Yamamoto: The existence and computation of competitive equilibria in markets with an indivisible commodity, *Journal of Economic Theory*, **38** (1986), 118–136.
44) J. A. S. Kelso and V. P. Crawford: Job matching, coalition formation, and gross substitutes, *Econometrica*, **50** (1982), 1483–1504.
45) B. Klaus and M. Walzl: Stable many-to-many matchings with contracts, *Journal of Mathematical Economics*, **45** (2009), 422–434.
46) D. E. Knuth: *Stable Marriage and Its Relation to Other Combinatorial Problems. An Introduction to the Mathematical Analysis of Algorithms*, American Mathematical Society, Providence, 1997.
47) B. Korte and J. Vygen: *Combinatorial Optimization. Theory and Algorithms*, 4th ed., Algorithms and Combinatorics, **21**, Springer-Verlag, Berlin, 2008.
48) B. Lehmann, D. Lehmann and N. Nisan: Combinatorial auctions with decreasing marginal utilities, *Games and Economic Behavior*, **55** (2006), 270–296.
49) L. Lovász: Submodular functions and convexity, in: A. Bachem, M. Grötschel and B. Korte, eds., *Mathematical Programming — The State of the Art*, Springer-Verlag, Berlin, 1983, 235–257.
50) S. Moriguchi and K. Murota: Capacity scaling algorithm for scalable M-convex submodular flow problems, *Optimization Methods and Software*, **18** (2003), 207–218.
51) S. Moriguchi, K. Murota and A. Shioura: Scaling algorithms for M-convex function minimization, *IEICE Transactions on Fundamentals of Electronics, Communications and Computer Scineces*, **E85–A** (2002), 922–929.
52) S. Moriguchi, A. Shioura and N. Tsuchimura: M-convex function minimization

by continuous relaxation approach — Proximity theorem and algorithm—, METR 2008-38, Department of Mathematical Informatics, The University of Tokyo, 2008.
53) K. Murota: Valued matroid intersection, II: Algorithms, *SIAM Journal on Discrete Mathematics*, **9** (1996), 562–576.
54) K. Murota: Convexity and Steinitz's exchange property, *Advances in Mathematics*, **124** (1996), 272–311.
55) K. Murota: Discrete convex analysis, *Mathematical Programming*, **83** (1998), 313–371.
56) K. Murota: Submodular flow problem with a nonseparable cost function, *Combinatorica*, **19** (1999), 87–109.
57) K. Murota: *Matrices and Matroids for Systems Analysis*, Springer-Verlag, Berlin, 2000.
58) 室田一雄: 離散凸解析 (共立叢書 現代数学の潮流), 共立出版, 2001.
59) K. Murota: *Discrete Convex Analysis*, SIAM Monographs on Discrete Mathematics and Applications, Vol. 10, Society for Industrial and Applied Mathematics, Philadelphia, 2003.
60) K. Murota: A proof of the M-convex intersection theorem, 京都大学数理解析研究所講究録 1371「ゲーム理論, 数理経済学への離散凸解析の応用」, 2004, 13–19.
61) 室田一雄: 離散凸解析の考えかた ―最適化における離散と連続の数理―, 共立出版, 2007.
62) K. Murota and A. Shioura: M-convex function on generalized polymatroid, *Mathematics of Operations Research*, **24** (1999), 95–105.
63) K. Murota and A. Shioura: Extension of M-convexity and L-convexity to polyhedral convex functions, *Advances in Applied Mathematics*, **25** (2000), 352–427.
64) K. Murota and A. Shioura: Relationship of M-/L-convex functions with discrete convex functions by Miller and by Favati–Tardella, *Discrete Applied Mathematics*, **115** (2001), 151–176.
65) K. Murota and A. Tamura: New characterizations of M-convex functions and their applications to economic equilibrium models with indivisibilities, *Discrete Applied Mathematics*, **131** (2003), 495–512.
66) K. Murota and A. Tamura: Application of M-convex submodular flow problem to mathematical economics, *Japan Journal of Industrial and Applied Mathematics*, **20** (2003), 257–277.
67) M. Ostrovski: Stability in supply chain networks, *American Economic Review*, **98** (2008), 897–923.
68) J. G. Oxley: *Matroid Theory*, Oxford University Press, New York, 1992.
69) M. Quinzii: Core and competitive equilibria with indivisibilities, *International Journal of Game Theory*, **13** (1984), 41–60.
70) R. T. Rockafellar: *Convex Analysis*, Princeton University Press, Princeton, 1970.
71) A. E. Roth: Stability and polarization of interests in job matching, *Econometrica*, **52** (1984), 47–57.
72) A. E. Roth: Conflict and coincidence of interest in job matching: Some new results an open questions, *Mathematics of Operations Research*, **10** (1985), 379–389.
73) A. E. Roth and M. A. O. Sotomayor: *Two-Sided Matching — A Study in*

Game-Theoretic Modeling and Analysis, Cambridge University Press, Cambridge, 1990.
74) H. E. Scarf: The computation of equilibrium prices: An exposition, in: K. J. Arrow and M. D. Intriligator, eds., *Handbook of Mathematical Economics*, Vol. II, North-Holland, 1982, 1007–1061.
75) A. Schrijver: *Theory of Linear and Integer Programming*, John Wiley and Sons, New York, 1986.
76) L. S. Shapley and H. Scarf: On cores and indivisibilities, *Journal of Mathematical Economics*, **1** (1974), 23–37.
77) L. S. Shapley and M. Shubik: The assignment game I: The core, *International Journal of Game Theory*, **1** (1972), 111–130.
78) A. Shioura: Fast scaling algorithms for M-convex function minimization with application to the resource allocation problem, *Discrete Applied Mathematics*, **134** (2004), 303–316.
79) M. Sotomayor: Three remarks on the many-to-many stable matching problem: Dedicated to David Gale on his 75th birthday, *Mathematical Social Sciences*, **38** (1999), 55–70.
80) M. Sotomayor: The lattice structure of the set of stable outcomes of the multiple partners assignment game, *International Journal of Game Theory*, **28** (1999), 567–583.
81) M. Sotomayor: Existence of stable outcomes and the lattice property for a unified matching market, *Mathematical Social Sciences*, **39** (2000), 119–132.
82) M. Sotomayor: A labor market with heterogeneous firms and workers, *International Journal of Game Theory*, **31** (2002), 269–283.
83) 田村明久, 村松正和: 最適化法 (工系数学講座), 共立出版, 2002.
84) A. Tamura: Transformation from arbitrary matchings to stable matchings, *Journal of Combinatorial Theory, Series A*, **62** (1993), 310–323.
85) A. Tamura: Applications of discrete convex analysis to mathematical economics, *Publications of RIMS, Kyoto University*, **40** (2004), 1015–1037.
86) A. Tamura: Coordinatewise domain scaling algorithm for M-convex function minimization, *Mathematical Programming*, **102** (2005), 339–354.
87) A. Tarski: A lattice-theoretical fixpoint theorem and its applications, *Pacific Journal of Mathematics*, **5** (1955), 285–310.
88) G. van der Laan, D. Talman and Z. Yang: Existence of an equilibrium in a competitive economy with indivisibilities and money, *Journal of Mathematical Economics*, **28** (1997), 101–109.
89) J. Wako: A polynomial-time algorithm to find von Neumann–Morgenstern stable matchings in marriage games, http://www-cc.gakushuin.ac.jp/ 930041/ (2008).
90) H. Whitney: On the abstract properties of linear dependence, *American Journal of Mathematics*, **57** (1935), 509–533.
91) Z. Yang: Equilibrium in an exchange economy with multiple indivisible commodities and money, *Journal of Mathematical Economics*, **33** (2000), 353–365.

記　号　表

記号	意味	式番号
$\in$	元 ($x \in A$：x は集合 A の元)	
$\subseteq$	部分集合 ($A \subseteq B$：A は B の部分集合)	
$\subset$	真部分集合 ($A \subset B$：A は B の真部分集合，$A \subseteq B$ かつ $A \neq B$)	
$\setminus$	差集合 ($A \setminus B = \{i \in A \mid i \notin B\}$)	
$\times$	直積 ($A \times B = \{(i,j) \mid i \in A, j \in B\}$)	
$\mathbf{0}$	$= (0,0,\ldots,0)$	
$\{0,1\}^V$	V 上の 0–1 ベクトル全体	
$\mathbf{1}$	$= (1,1,\ldots,1)$	
2^V	V のべき集合，すなわち V の部分集合全体からなる集合族	
$[\cdot,\cdot]$	閉区間，$a,b \in \mathbf{R}^V$ に対し $[a,b] = \{x \in \mathbf{R}^V \mid a \leq x \leq b\}$	
$\langle\cdot,\cdot\rangle$	内積	(2.3)
$\square$	合成積	(2.11)
$\vee$	成分ごとの最大値	(2.29)
$\wedge$	成分ごとの最小値	(2.29)
$\lvert$ 実数 $\rvert$	実数の絶対値	
$\lvert$ 集合 $\rvert$	集合の元の数	
$\lVert \cdot \rVert_1$	ベクトルの L_1 ノルム	
$\lceil \cdot \rceil$	整数への切上げ	
$\lfloor \cdot \rfloor$	整数への切捨て	
χ_0	ゼロベクトル	
χ_u	第 u 単位ベクトル	
χ_S	集合 S の特性ベクトル	(2.2)
$\arg\max f$	関数 f の最大解全体	(2.6)
$\tilde{c}_f$	M$^\natural$ 凹関数 f の交換容量	(2.14)
$\mathrm{diam}(f)$	関数 f の実効定義域の直径	(2.13)
$\mathrm{dom} f$	関数 f の実効定義域	(2.5)
$(f+p)(x)$	$= f(x) + \langle p, x \rangle$	(2.4)
$G = (V, A)$	頂点集合 V と弧集合 A をもつ有向グラフ	

記 号 表

$G = (V, E)$	頂点集合 V と辺集合 E をもつ (無向) グラフ
inf	下限
max	最大値あるいは全順序関係での最大元
min	最小値あるいは全順序関係での最小元
$\mathbf{R}$	実数全体
$\mathbf{R}^V$	有限集合 V 上の実ベクトル全体
$(s_{(i)}^{-j}, \alpha)$	$s_{(i)}$ の (i,j) 成分のみを α に置き換えて得られるベクトル
$(s_{(j)}^{-i}, \alpha)$	$s_{(j)}$ の (i,j) 成分のみを α に置き換えて得られるベクトル
sup	上限
supp^+	正の台 (2.1)
supp^-	負の台 (2.1)
$x(V)$	ベクトル x の成分和,すなわち $x(V) = \sum_{v \in V} x(v)$
$\mathbf{Z}$	整数全体
$\mathbf{Z}_+$	非負整数全体
$\mathbf{Z}^V$	有限集合 V 上の整数ベクトル全体

索　引

欧　文

0–1 ベクトル　2
1 次関数　15
2 項関係　158
2 部グラフ　49, 154, 164
2 分探索　24

AIM モデル　89
EFT モデル　88
Eriksson–Karlander モデル　112
Gale–Shapley アルゴリズム　74
　　拡張版——　94
HM モデル　98, 104, 105, 108
$M_P M_Q$-カーネル　82
M 凹関数　13
　　スケーリング可能　26
M 凸集合　21
$M^♮$ 凹安定結婚モデル　84, 85, 105
$M^♮$ 凹関数　14
　　——の合成積　19, 48
　　——の最大化アルゴリズム　25
　　——の最大解集合　19
　　——の制限　18
　　層凹関数　16
　　——の直和　19
　　分離凹関数　15
　　1 次関数　15
$M^♮$ 凹評価関数
　　$M^♮$ 凹安定結婚モデル　84, 85, 105
　　$M^♮$ 凹割当モデル　63
　　手付け制限付き $M^♮$ 凹評価関数モデル
　　　108, 114

$M^♮$ 凹交わり定理　31
$M^♮$ 凹交わり問題　31, 47
$M^♮$ 凹割当モデル　63
$M^♮$ 凸集合　21
Tarski の不動点定理　7, 76, 79, 80, 102, 103, 159

ア　行

アルゴリズム
　　Calculate_Bound　24
　　Gale–Shapley アルゴリズム　74
　　Pairwise_Stable　129
　　Scaled_Greedy　29
　　Scaling　30
　　拡張 Gale–Shapley アルゴリズム　94
　　貪欲解法　166
安定　56, 65, 71, 86, 88, 90, 99, 116
　　安定労働割当　67, 118
　　厳安定　67, 116
　　厳安定労働割当　67, 118
　　準不安定　66, 116
　　手付け制限付き割当モデルの——　111
　　不安定　65, 85, 115
安定結婚モデル　6, 7, 70, 82, 88, 112
　　$M^♮$ 凹安定結婚モデル　84, 85, 105
　　マトロイド安定結婚モデル　81, 93
安定マッチング　72, 78, 79
　　1 次関数　15
遺伝的　63, 84, 114
一般化ポリマトロイド　10
凹拡張可能　38
凹関数　12

凹閉包 38

カ 行

下界 158
学生–プロジェクト割当モデル 89
拡張 Gale–Shapley アルゴリズム 94
下限 158
貨幣 5
貨幣割当 60
完全単模 58, 153
完備性 3
完備束 80, 103, 159
基 164
基族 18, 164
基底 153
　非基底 153
基底解 153
　実行可能基底解 153
許容 55, 71, 99
許容解 152
　許容領域 152
組合せオークション 47
グラフ
　──の接続行列 154
　──の連結成分 163
グラフ的マトロイド 163
クラメールの公式 154
計算量 24, 26, 31, 97
契約 6, 98
厳安定 67, 116
厳安定労働割当 118
コア 8, 60
交換容量 24
合成積 19, 47, 48
効用関数 4
　基数的効用関数 4
　譲渡可能効用関数 4
　序数的効用関数 4

サ 行

最小元 158

最大重み独立集合問題 93, 166
最大解集合 19
最大元 158
最適解 152
　最適基底解 153
サーキット 165
差集合 173
実行可能 60, 152
実行可能解 64, 115, 152
　実行可能基底解 153
　実行可能領域 152
実行可能給与ベクトル 115
実行可能労働割当 63, 115
実行可能割当 85, 88
実効定義域 11
　──の直径 23
実行不可能 152
実数全体 3
支配 82
弱双対定理 156
集合関数 41
従属集合 165
主問題 156
巡回セールスマン問題 31
順序付きマトロイド 82
準線形 6
準不安定 66, 116
上界 158
上限 158
譲渡可能効用 4
真部分集合 173
推移性 3
推移律 158
スケーリング可能 26
スケーリング技法 26
制限 18
整数全体 2
正の台 11
接続行列 154
線形計画問題 8, 151
線形マトロイド 162
選好関係 3
選好順序 4

全順序関係　7, 158
全順序集合　158
選択関数　43, 99
層凹関数　16
層族　16
双対定理　157
　弱双対定理　156
双対問題　156
双対理論　8
相補性条件　157
相補性定理　157
束　80, 158
　完備束　80, 103, 159
　単調写像　80, 103, 159
　不動点　159
粗代替性　6, 40

タ 行

台
　正の——　11
　負の——　11
大域的最適性　20
台集合　161
代替材　6
代替性　42, 43, 100
多対多型割当モデル　59, 108
Tarskiの不動点定理　7, 76, 79, 80, 102, 103, 159
単改良性　40
単調写像　80, 103, 159
逐次最短路法　32
直和　19
直径　23
手付け制限付き $M^{\natural}$ 凹評価関数モデル　108, 114
手付け制限付き割当モデル　110
動機制約　65, 85, 115
特性ベクトル　11
独立システム　161
独立集合　161
独立集合族　17, 161
凸解析　10

凸多面体　154
貪欲解法　166

ナ 行

2項関係　158
2部グラフ　49, 154, 164
2分探索　24

ハ 行

反射律　158
半順序関係　158
半順序集合　158
反対称律　158
非基底　153
非有界　152
評価関数　5
不安定　65, 85, 115
　準不安定　66, 116
不可分財　1
付値マトロイド　10
負の台　11
負閉路消去法　32
プレマッチング　77
ブロッキング対　71, 90
分割　164
分割マトロイド　50, 164
分離凹関数　15
飽和　56, 71
　不飽和　56, 71
補完財　6, 100

マ 行

マッチング　7, 55, 71, 76, 164
マッチング市場モデル　7
マトロイド　7, 17, 31, 161
　基　164
　基族　18, 164
　グラフ的マトロイド　163
　最大重み独立集合問題　166
　サーキット　165

従属集合　165
順序付きマトロイド　82
線形マトロイド　162
独立集合　161
独立集合族　17, 161
貪欲解法　166
分割マトロイド　50, 164
マトロイド安定結婚モデル　81, 93
無差別　3, 71
目的関数　151

ヤ 行

有界　23, 152
輸送問題　60

ラ 行

離散凸解析　6, 10

離散分離定理　32
劣モジュラ関数　10
劣モジュラ性　38
連結成分　163
労働割当　60
　実行可能労働割当　63

ワ 行

割当　84
　貨幣割当　60
　実行可能労働割当　63, 115
　実行可能割当　85, 88
　労働割当　60
割当モデル　6, 8, 55, 65, 104, 112
　M♮凹割当モデル　63
　多対多型割当モデル　59, 108
割当問題　58

著者略歴

田 村 明 久 （たむら・あきひさ）
1961 年 栃木県に生まれる
1989 年 東京工業大学大学院理工学研究科博士課程修了
現　在 慶應義塾大学理工学部数理科学科教授
　　　　理学博士

シリーズ〈オペレーションズ・リサーチ〉3
離散凸解析とゲーム理論　　定価はカバーに表示

2009 年 11 月 15 日　初版第 1 刷
2018 年 2 月 25 日　　第 3 刷

　　　　　　　　　　著　者　田　村　明　久
　　　　　　　　　　発行者　朝　倉　誠　造
　　　　　　　　　　発行所　株式会社 朝 倉 書 店

　　　　　　　　　　東京都新宿区新小川町 6-29
　　　　　　　　　　郵 便 番 号　1 6 2 - 8 7 0 7
　　　　　　　　　　電　話　03(3260)0141
　　　　　　　　　　Ｆ Ａ Ｘ　03(3260)0180
〈検印省略〉　　　　　http://www.asakura.co.jp

© 2009〈無断複写・転載を禁ず〉　　中央印刷・渡辺製本

ISBN 978-4-254-27553-7　C 3350　　Printed in Japan

JCOPY　<(社)出版者著作権管理機構 委託出版物>

本書の無断複写は著作権法上での例外を除き禁じられています．複写される場合は，そのつど事前に，（社）出版者著作権管理機構（電話 03-3513-6969，FAX 03-3513-6979，e-mail: info@jcopy.or.jp）の許諾を得てください．

好評の事典・辞典・ハンドブック

数学オリンピック事典	野口 廣 監修	B5判 864頁
コンピュータ代数ハンドブック	山本 慎ほか 訳	A5判 1040頁
和算の事典	山司勝則ほか 編	A5判 544頁
朝倉 数学ハンドブック [基礎編]	飯高 茂ほか 編	A5判 816頁
数学定数事典	一松 信 監訳	A5判 608頁
素数全書	和田秀男 監訳	A5判 640頁
数論＜未解決問題＞の事典	金光 滋 訳	A5判 448頁
数理統計学ハンドブック	豊田秀樹 監訳	A5判 784頁
統計データ科学事典	杉山高一ほか 編	B5判 788頁
統計分布ハンドブック（増補版）	蓑谷千凰彦 著	A5判 864頁
複雑系の事典	複雑系の事典編集委員会 編	A5判 448頁
医学統計学ハンドブック	宮原英夫ほか 編	A5判 720頁
応用数理計画ハンドブック	久保幹雄ほか 編	A5判 1376頁
医学統計学の事典	丹後俊郎 編	A5判 472頁
現代物理数学ハンドブック	新井朝雄 著	A5判 736頁
図説ウェーブレット変換ハンドブック	新 誠一ほか 監訳	A5判 408頁
生産管理の事典	圓川隆夫ほか 編	B5判 752頁
サプライ・チェイン最適化ハンドブック	久保幹雄 著	B5判 520頁
計量経済学ハンドブック	蓑谷千凰彦ほか 編	A5判 1048頁
金融工学事典	木島正明ほか 編	A5判 1028頁
応用計量経済学ハンドブック	蓑谷千凰彦ほか 編	A5判 672頁

価格・概要等は小社ホームページをご覧ください．